塑性流动下煤样渗透率演化试验研究

李　强　郭静那　著
刘江峰　刘道平

U0337994

中国矿业大学出版社

图书在版编目(ＣＩＰ)数据

塑性流动下煤样渗透率演化试验研究 / 李强等著.
—徐州:中国矿业大学出版社,2019.4
ISBN 978-7-5646-4138-2

Ⅰ.①塑… Ⅱ.①李… Ⅲ.①塑性流动－煤样－
渗透率－演化－试验研究 Ⅳ.①TD94

中国版本图书馆 CIP 数据核字(2018)第 225738 号

书　　名　塑性流动下煤样渗透率演化试验研究
著　　者　李　强　郭静那　刘江峰　刘道平
责任编辑　张　岩
出版发行　中国矿业大学出版社有限责任公司
　　　　　(江苏省徐州市解放南路　邮编 221008)
营销热线　(0516)83884103　83885105
出版服务　(0516)83995789　83884920
网　　址　http://www.cumtp.com　E-mail:cumtpvip@cumtp.com
印　　刷　江苏凤凰数码印务有限公司
开　　本　880×1230　1/32　印张 5.375　字数 140 千字
版次印次　2019 年 4 月第 1 版　2019 年 4 月第 1 次印刷
定　　价　29.00 元
　　　　　(图书出现印装质量问题,本社负责调换)

前　言

塑性流动下煤的渗透率变化与加载路径密切相关,煤的渗透率-应变(应力)曲线的滞回性质研究是实现煤矿保水开采的基础课题,对于认识"西部矿区煤层为主含水层"的机理具有积极作用。本书应用理论分析、实验室试验等方法对小纪汗含水煤层和隆德非含水煤层的试样在塑性流动中的渗透率变化规律进行了深入研究。通过研究,得到如下成果:

(1)通过恒定围压下的塑性流动滞回试验,得到小纪汗煤样轴向应变-轴向应力滞回曲线、环向应变-轴向应力滞回曲线和体积应变-平均正应力滞回曲线的几何特征参量随围压、循环次数的变化规律。

(2)通过恒定轴向应变下的塑性流动滞回试验,得到小纪汗煤样环向应变-轴向应力滞回曲线和环向应变-环向应力滞回曲线的几何特征参量随围压、轴向应变的变化规律。

(3)通过恒定围压下塑性流动过程中的渗透试验,得到小纪汗和隆德煤样轴向应变-渗透率滞回曲线、体积应变-渗透率滞回曲线的几何特征,进而得到两种煤样的渗透率随应变、围压的变化规律。

(4)通过恒定应变下塑性流动过程中的渗透试验,得到小纪汗和隆德煤样围压-渗透率滞回曲线的几何特征,进而得到两种煤样的渗透率随围压、轴向应变的变化规律。

（5）通过电镜扫描和压汞试验，分析了两种煤样的微观结构。

（6）综合煤样常规三轴压缩试验、塑性流动试验、渗透试验、电镜扫描和压汞试验的研究结果，分析了小纪汗煤层为含水层的原因。

本书写作过程中，在资料整理、图表绘制、计算机录入与排版、校对等方面得到研究生刘道平，陶静，陈旭，王阳光，姚本余，王逸鸣，谢晋勇的大力帮助，他们为完成此书付出了大量的时间和精力。在此表示感谢！

由于作者水平有限，书中难免存在不足之处，敬请批评指正。

著 者

2018 年 6 月

目　录

1 绪 论

1.1 研究背景和意义

在煤层开挖过程中,煤柱部分区域发生剪切屈服并在屈服后发生塑性流动,研究煤的塑性流动规律是研究煤柱稳定性的基础。目前,人们主要通过轴向应变单调增加的路径研究塑性流动行为,也有少量文献通过增减围压来研究塑性流动。在三个主应力或三个主应变分量任意变化时塑性比例系数具有什么形式,特别是多重滞环下的塑性比例系数变化规律研究尚在起步阶段。

塑性流动下煤的渗透性的变化与加载路径密切相关,只有了解多种滞环下煤的渗透率的变化规律,才能深刻把握煤的渗透性。目前应力-应变滞环相关的煤渗透性研究鲜有文献报道。

煤的渗透性取决于孔隙和裂隙结构,煤的渗透性在某种程度上决定煤层的含水性。因此,研究塑性流动下煤的渗透性对于解释煤层含水机理具有重要作用。

目前我国西部地区煤炭探明储量达 10 628 亿 t,占全国已探明储量的 81%。2010 年,西部煤炭产量已达 19.6 亿 t,占全国煤炭产量的 60.5%。根据我国能源中长期发展战略规划预测,到 2020 年西部煤炭产量将占全国煤炭总需求量的 72.1%,可见,我国煤炭资源开发战略已快速向西部转移。近年来,我国在西部矿区建设了一批现代化矿井,如小纪汗煤矿。陕北侏罗纪煤田榆横矿区东北部的小纪汗煤矿位于榆林市榆阳区小纪汗乡,井田面积 251.75 km²,地质储量 31.7 亿 t,可采储量 18.9 亿 t,主要可采煤层为 2 号、4-2 号煤层,矿井设计年生产能力达到 1 000 万 t。

榆横矿区(北区)地处毛乌素沙漠与黄土高原的接壤地区,被定义为干旱半干旱缺水性区域,矿井水灾害未得到关注。随着小纪汗煤矿的开发,首次发现了我国西部矿区"开采煤层为矿井主含水层"的特殊地质现象。在矿井进风立井施工至马头门揭煤时,涌水量突然增大到 82 m³/h,水压达 2.3 MPa。在 2 号西翼回风大巷掘进期间,掘进面煤层中新出水点沿 N-S 向裂隙呈喷射状突出,水压达 2.6 MPa,矿井最大涌水量达到 750 m³/h。

由于 2 号煤层为高压含水层,在这种复杂地质环境中,含水煤层的力学行为明显不同于普通煤层的力学行为,高压含水条件作用下煤柱表现出的非线性强度特征已经无法用传统强度和流动准则进行准确描述和表征。并且原有的地质勘探报告和研究报告中关于矿井涌水量的预计与实际情况相差太大,致使采掘工作总是处于被动状态,严重影响施工进度。巷道开挖后,煤层中水渗流道路畅通,巷道涌水量短时间内达到最大值,容易造成巷道积水或形成水灾。

渗流失稳理论认为,非线性渗流系统在煤岩渗透性参量和边界压力的初始值满足一定条件时,发生结构失稳,而突水是渗流失稳的体现。实践表明,渗流失稳只有在煤岩破坏前提下才能发生。在此变形过程中,塑性区不断扩大,塑性区煤柱的渗透性参量与其应力-应变状态有关,但是与应变的单值对应关系已不复存在。同时,塑性区各点流动后相点位置受到流动路径的影响,故而煤柱破坏后渗透性参量还取决于煤柱塑性区中发生塑性流动的各点的流动路径。因此,研究煤岩破坏后渗透性参量的变化规律是揭示突水机理的基础。

针对上述存在的问题,本书以煤层为主含水层的小纪汗煤矿和邻近矿区的隆德煤矿为试验对象,开展了煤样在不同加载路径下的三轴试验,分析剪切屈服后含水煤层的滞回曲线特征;同时,通过对煤样在不同加载路径下的渗透试验,研究含水煤层的塑性流动下渗透率的变化规律,这也是目前研究煤矿突水等流固耦合工程问题中亟须解决的关键科学问题。最后,通过含水煤层和非含水煤层在强度、孔裂隙结构特征和渗透性等方面的对比,简析含水煤层储水的原因。

1.2 国内外研究现状

1.2.1 煤岩塑性流动和滞回性质研究

煤岩作为天然地质作用的产物,是一种非常复杂的材料,为理解和掌握煤岩在荷载作用下的破坏特征与机理,已有众多国内外学者对此进行了研究。

(1) 单轴压缩加载条件下塑性流动和滞回性质研究

煤岩在单轴压缩加载条件下破坏时产生的变形过程通常可以用全应力-应变曲线表示。

杨艳霜等[1]学者通过对锦屏大理岩进行单轴压缩加载条件下的时滞性破坏试验来研究岩爆滞后的特征。研究结果表明,大理岩岩样经过峰值强度之前较长时间的单轴压缩加载作用,其破坏特征呈现出比较明显的时滞性特点。岩石材料在单轴压缩加载破坏过程中会形成大量的轴向裂纹,并在破坏时产生较多的片状破碎岩块。大理岩岩样在时滞性试验过程中发生破坏时产生的径向应变大于其轴向应变,并且大于其在常规单轴压缩加载条件下破坏时产生的径向应变;当大理岩岩样径向应变接近甚至是超过其轴向应变时,发生脆性破坏的概率将得到明显提高,并且破坏程度将更剧烈。Tutuncu 等[2-3]研究了沉积岩在单轴循环应力作用下的响应,得出岩石的非线弹性行为与加载频率、应变振幅以及饱和流体的性质有关,切线模量-应变曲线呈蝴蝶结形。Brennan 和 Stacey[4]通过单轴试验发现,当应变振幅很小(为 10^{-6})时,岩石的滞回曲线呈椭圆形。Mckavanagh 和 Stacey[5]的单轴压缩试验表明,当应变振幅为 10^{-5} 时,无论加载波形是什么形状,滞回环的两端总会出现尖点滞回环呈月牙形而非椭圆形。陈运平等[6]研究了饱和岩石在单轴循环荷载下应力-应变曲线的细微差异,指出在加载阶段应变的相位可能超前、并行或落后于应力的相位,在卸载阶段应变总是落后于应力的相位。陈运平和王思敬[7]指出,当应变振幅超过临界值(约为 10^{-6})时,由于塑性的存在,滞回环将产生畸变,不是标准的椭圆形。陈运平等[8]通过饱和砂岩和大理岩循环荷载下的单轴试验,分析了饱和岩石在循环荷载下的应力-应变滞后回线、割线模量、泊松比的"X"形变化曲线,以及杨氏模量随应变振幅的增加而减少等滞后现象,并分析了施加外力的应变振幅对衰减的影响,通过饱和岩石的宏观行为,探讨了饱和岩石在循环荷载下的滞后和衰减现象的微观机理。刘建锋等[9]针对泥质粉砂岩进行单轴多级循环加卸载试验,结果表明,动应变相位始终滞后于动应力相位,滞回环在荷载反转处并非椭圆形而是尖叶状。席道瑛等[10]研究了不同流体饱和、不同岩石、不同频率下的单轴循环加载试验,验证了瞬时弹性模量与应变呈不对称蝴蝶结形的结论,并提出以蝴蝶结张角来衡量岩石的滞后程度。席道瑛等[11-12]采用 MTS 进行单轴循环试验,由试验结果获得了载荷低于屈服点的应力-应变滞回曲线和杨氏模量、泊松比、衰减、弹性波速度等的弹性响应和载荷超过屈服点的黏塑性响应;通过对饱和砂岩和大理岩的循环载荷试验,分析了饱和岩石在循环载荷作用下的应力-应变滞后回线、瞬时杨氏模量、泊松比的"X"形变化曲线和衰减随应变振幅增加、杨氏模量减小、泊松比增大衰减增大等滞后现象。宛新林等[13]在单轴循环加载试验中,改变平均应力和正弦波应力振幅的条件下,研究了饱和砂岩的衰减、杨氏模量和泊松比的动态响应。肖建清等[14]通过花岗岩常幅单轴循环加载试验,分析岩石的非线弹性滞后特性;卸载阶段应变相位滞后于应力相位,加载阶段应变相位可能滞后、相等或超前于应力相位;将岩石视为黏弹塑性材料,讨论动弹性模量和阻尼比的计算方法,给出两者的修正计算式;利用试验数据分析动弹性模量和阻尼比的演化规律。邓华锋等[15]通过对砂岩的常幅单轴循环加卸载试验,详细分析试验过程中的应力-应变滞后时间差、加卸载响应比、损伤变量、上限应力对应的应变峰值的变化规律。唐杰等[16]通过不同应力水平下的单轴循环荷载试验,分析了岩石在循环荷载下的应力-应变滞后曲线、瞬时杨氏模量、动静态杨氏模量及泊松比的变化曲线,并分析了施加外力幅度对滞后循环的影响。陈佼佼[17]在MTS上进行超过砂岩屈服强度但不超过抗拉强度的正弦波加载试验,通过单轴加载循环试验数据获得应力-应变滞回曲线,探讨了岩石的细观损伤;通过应力-应变滞回曲线、轴向应变随时间的变化以及不同频率和不同状态下岩石滞回曲线面积的变化,初步探讨了岩石微观损伤的演化和应力循环所消耗的能量。何明明[18]利用西安理工大学岩土所和长春朝阳试验仪器有限公司联合研制的 WDT-1500 多功能材料试验机对砂岩进行了不同应力幅值、不同荷载频率和不同应变水平条件下的单轴循环荷载试验,研究了不同加载条件下砂岩的力学特性。李永盛[19]采用伺服刚性试验机对 54 块红砂岩试件进行了 9 级不同应变加载速率下的单轴压缩室内测试,定量分析了应变速率对材料单轴抗压强度、与峰值强度对应的应变、破坏后的变形模量,以及破裂形式等物理力学性态的影响,按实测数据回归得出的经验公式可用于估算应变速率变化剧烈状况下岩石的修正强度和变形量。吴刚[20]在岩体单轴下加、卸荷试验研究的基础上,从应力-应变关系、强度特性、声发射及破坏特征等方面,对岩体在加、卸荷条件下的破坏特性进行了对比分析。

(2)三轴压缩加载条件下塑性流动和滞回性质研究

煤岩在有围压作用时,即在三轴压缩试验条件下其变形破坏特征与单轴压缩时不尽相同,主要表现在:岩石在三轴压缩加载条件下屈服破坏前,其应变随着围压的增加而增加,其塑性也随着围压的增加而增强。多年来,国内外对三轴条件下煤岩的加、卸载力学特性已进行了较深入的研究。

早在 20 世纪 60 年代,D. W. Hobbs[21-22]研究了围压对煤样的强度的影响。R. H. Atkinson 和 H. Ko[23]、T. P. Medhurst 和 E. T. Brown[24]通过三轴压缩试验,发现随着围压的增大,岩样破坏形式由轴向劈裂向剪切破坏,并分析了破坏形式转化的机理。李小春等[25]对煤岩进行了较低和较高多个围压下的常规三轴加卸载试验研究,给出了系统的试验成果,发现较低围压下,卸载路径和加载路径几乎完全重合,煤岩应力-应变关系呈现出明显的线弹性特征,并表现出一定的脆性破坏特性;而较高围压下,应力-应变关系呈现出明显的非线性特征,卸载路径不再原路返回,呈现出明显的塑性变形特征。B. Tarasov 等[26]通过岩石低围压和高围压下的三轴压缩试验,发现岩石应力-应变曲线在低围压下呈线弹性,表现出脆性破坏特征,而在高围压下呈非线性,表现出塑性变形特征。Yang 等[27]为了研究裂隙对岩石强度和破坏特征的影响,对包含两条闭合裂隙的大理石岩样进行了不同围压条件下的三轴压缩加载破坏试验。其研究成果表明,完整岩样和裂隙岩样在达到峰值强度后具有相似的变形特征;岩石的破坏形式随着围压的增大,由脆性向塑性破坏和延性破坏过渡;岩石材料的轴向应力峰值不仅与裂隙形态有关,而且与围压大小也存在一定的关系;裂隙岩样在不同围压条件下呈现出的峰值强度具有非常明显的非线性特征。郭印同等[28]为了研究岩石的强度和变形破坏特征,以硬石膏岩样为试验对象对其进行了不同围压条件下的三轴加载破坏试验。研究结果表明:岩石材料在低围压状态下破坏时主要为剪切破坏;当岩石在较高围压下破坏时,呈现出非常明显的塑性流动特征;岩石的三轴强度、峰值应变和弹性模量都随着围压的增加而逐渐增加。宗自华等[29]通过对北山深部花岗岩岩样进行不同围压条件下的三轴压缩加载试验,来研究岩石材料的破坏特征及三轴强度特征。其研究结果表明:岩石材料在峰值应力后呈现出明显的脆性破坏特征;在较低围压状态时,呈现出劈裂破坏,而随着围压的逐渐增加,其破坏模式逐渐过渡为剪切破坏。宋卫东等[30]为了研究围岩超过其峰值强度后的变形破坏特征和变形机制,对岩样进行了不同围压下的三轴压缩加载破坏试验。其研究成果认为:岩石材料在单轴和低围压状态下呈现出脆性软化的破坏特征,而随着围压的逐渐增加,其破坏特征逐渐向压剪及塑性破坏过渡;岩石材料在达到峰值强度后呈现出显著的体积扩容现象。孟召平等[31-34]对不同围压条件下煤样的变形和强度特性进行了探究,研究结果表明:煤的力学强度相对煤层顶底板岩石具有低强度、低弹性模量和高泊松比特性,易于产生塑性变形。王宏图等[35]对单一及复合煤岩在三轴不等压应力状态下的变形及强度特性进行了研究,分析了不同加载途径对煤岩变形和峰值强度的影响。苏承东等[36-37]研究了煤岩的变形破坏及其声发射特性。

蒋长宝等[38-39]研究了含瓦斯煤岩分级卸围压变形特征。张东明等[40]基于在伺服试验机对煤样的常规三轴压缩和三轴卸围压试验,分析了煤样在不同应力条件下的强度和变形特征。尤明庆[41]通过对煤样进行不同围压下的三轴试验,分析了煤样在不同围压下的破坏形式,研究结果表明,尽管岩样轴向承载能力与围压呈线性关系,但岩样在围压下轴向压缩破坏的断面,并不能由Coulomb准则准确预示。田文岭等[42]基于煤样常规三轴试验,使用颗粒流程序PFC得到了一组能够较真实反映煤样宏观力学行为的细观参数。在此基础上,对煤样进行不同围压下循环加卸载颗粒流模拟试验,分析了不同围压下煤样的宏观参数、裂纹扩展过程及其之间的关系。孙小康等[43]利用RMT-150C微机控制电液伺服岩石力学试验机测定了三岔河矿区顶板粉砂岩的各项物理力学指标;采用分级加卸载的方式在RYL-600岩石剪切流变试验仪上进行了一系列的岩石流变试验;分析试验数据,发现该区岩石具有弹性-黏性-黏弹性的流变特性。谢红强等[44]通过三轴下加载和卸载两种力学状态的全过程应力-应变试验,揭示了岩体在加卸载时变形特性的差异,并结合试验结果,引入损伤力学概念,推导不同岩性岩石的损伤演化方程。低围压下煤岩的塑性特征一般采用 M-C 准则（Mohr-Coulomb 准则）或者 D-P 准则（Drucker-Prager 准则）。

Mohr-Coulomb 准则由 Mohr O 于 1900 年比较全面地提出来，作为最著名的岩石强度准则，M-C 准则由于简单的数学形式和力学原理使其在工程实践中得到广泛的应用[45-49]，M-C 准则已成为 ISRM 建议用于评估岩石强度的方法之一。M-C 准则认为岩石强度为岩石材料抵抗摩擦的能力，其数值等于岩石材料自身的内聚力与剪切面上由法向应力产生的摩擦力之和，即 $\tau = c + \sigma \tan \varphi$，M-C 准则用主应力则可以表示为：

$$(\sigma_1 - \sigma_3) = \frac{2c \cdot \cos \varphi}{1 - \sin \varphi} + 2 \frac{\sin \varphi}{1 - \sin \varphi} \sigma_3$$

M-C 准则最大的优势就是公式简单实用，各参数一般都可以利用常规试验器材和方法来确定，因此，该准则在岩土工程界和岩石工程界中得到非常广泛的应用。

1952 年 Drucker 和 Prager 在 M-C 准则和 Mises 准则的基础上提出 Drucker-Prager 准则，其表达式为[50-51]：

$$\sqrt{J_2} = \alpha I_1 + k$$

$$J_2 = \frac{1}{6} \left[(\sigma_1 - \sigma_2)^2 + (\sigma_2 - \sigma_3)^2 + (\sigma_3 - \sigma_1)^2 \right]$$

$$\alpha = \frac{2\sin \varphi}{\sqrt{3}(3 - \sin \varphi)}$$

$$k = \frac{6c \cdot \cos \varphi}{\sqrt{3}(3 - \sin \varphi)}$$

由于 Drucker-Prager 准则考虑了中间主应力和静水压力的影响，克服了 M-C 准则的主要弱点，使其在岩石与岩土工程数值模拟计算中得到比较广泛的应用。

综上所述，人们主要通过轴向应力单调增加的路径研究塑性流动行为，也有少量文献通过增减围压来研究塑性流动。在围压和轴压任意变化时,滞环特征具有什么特点,特别是多重滞环下的滞环特征变化规律尚未研究。对含水煤层这一条件下的破坏特征和塑性变形研究更是罕见。因此,为保障含水煤层在开采过程中安全高效地进行,有必要更深入地认识在不同围压和轴压条件下含水煤层的破坏特征和屈服后的塑性流动规律。

1.2.2 煤岩屈服后渗透性研究

岩体的受力状态在外界扰动下重新分布后,岩体内部的孔隙结构、微裂纹以及节理等发生变化,与此相对应,岩体的渗透性也发生变化[52-53]。国内外学者对煤岩变形破坏过程中的渗透率演化规律开展了大量的研究。主要研究内容分别集中在渗透率与孔隙度的关系以及渗透率与应力-应变的关系[54-60]。陈占清等通过对试验数据的回归分析,得到岩石的渗透率与孔隙度呈指数关系,认为岩石渗透率主要由孔隙度决定[61]。EI Sayed 和 Kiss 为了简化计算,认为渗透率变化规律只与孔隙度或者变形因素有关[62]。孔茜等[63]对砂岩岩样进行了多次循环加卸载,测试了岩样的孔隙度和渗透率,得出砂岩的孔隙度和渗透率在加载阶段与卸载阶段的变化曲线均是不重合的。围压加载阶段孔隙度和渗透率随围压的变化关系均呈指数关系,在围压卸载阶段孔隙度与渗透率随围压变化均呈幂函数关系。许江等[64]利用自主研发的渗流装置,研究了不同有效围压条件下煤样的渗透率与孔隙压力之间的关系,基于孔隙压力敏感系数得到了渗透率与孔隙压力的关系式。康天合等[65]介绍了三轴应力状态下测定大煤样导水系数(表示含水层导水能力的大小,在数值上等于渗透系数与含水层厚度的乘积)的试验装置与试验方法,且通过试验表明,煤体的导水系数随体积应力的增加呈负指数规律衰减,随孔隙水压力的增加呈正指数规律增加。煤体的导水系数与煤的变质程度相关,但也受煤层的赋存条件与结构特征的影响,应在试验的基础上评价煤层的渗透性能。将渗透率表示为孔隙度的单值函数,与实际情况相差很大。孔隙度非常低的岩石会出现高渗透性的现象;相反,一些孔隙度高的岩石也会表现出低渗透性。

一部分学者致力于研究全应力-应变过程中渗透率的演化规律。王金安等[66]通过岩石三轴压缩渗透试验,揭示了岩石在全应力-应变过程中的渗透规律,发现岩石渗透率随应力-应变过程中岩石内部结构演化特征而改变,岩石渗透峰值多发生在岩石破坏后的应变软化阶段。尹光志等[67]进行了煤岩全应力-应变过程中的渗透性试验,揭示了煤岩在变形破坏过程中的渗透率变化规律,试验结果表明,应变-渗透率曲线与应力-应变曲线变化趋势基本一致,但表现出相对"滞后"的特点。以缪协兴、陈占清等为代表的中国矿业大学研究团队运用 MTS815 系列岩石力学试验系统,通过荷载控制和位移控制的方式,进行了一系列岩石渗透特性的测试,得到了不同岩性以及不同应力状态下岩石的渗透性变化规律[68]。全应力-应变过程中渗透性测试试验的做法是在恒定围压下,逐级增大轴向应变或应力,属于简单加载方式;一些学者考虑了围压下降引起的岩石渗透率的变化,但仍未考虑变形的不可恢复性。

孟召平和侯泉林[69]通过煤样的应力敏感性试验和现场测试,建立了高煤级煤储层渗透性与应力之间的相关关系和模型;探讨了渗透性变化的控制机理。研究结果表明,煤储层渗透率随应力的增加按负指数函数规律降低。王珍等[70]利用自主研发的三轴渗透仪,进行了平均有效应力条件下的三轴渗流试验,分析了有效应力对渗透率的综合作用,随着平均有效应力的增大,渗透率急剧下降,下降的梯度较大。Walls 等[71]、Ghazal 等[72]、Gangi[73] 和 Walsh 等[74]的研究表明,煤体渗透率随轴压呈负幂函数规律减小,随围压呈负指数规律减小;渗透率随围压的变化幅度远大于轴压,煤岩渗透率随围压增大而急剧减少,压力增高 10 倍,渗透率降低 2~3 个数量级[75-77]。王登科等[78]通过试验分别建立了突出危险煤的渗透性与围压、瓦斯压力和应力-应变等主要控制因素之间的定性和定量关系,突出危险煤样的渗透率随围压的增大而呈指数规律减小。李树刚等[79]以数控瞬态渗透法进行了全应力-应变过程的软煤样渗透特性试验,得出煤样渗透性与主应力差、轴应变、体积应变关系曲线。体积缩小时渗透系数是体积应变的二次多项式,体积膨胀时为五次多项式。孙国文等[80]用电液伺服岩石力学试验系统进行了煤样全应力-应变渗透试验,分析了应力-应变对煤样渗透特性的影响。试验表明,轴向压力对渗透系数的影响最大,其对煤体透气性的变化起着决定性作用。潘荣锟等[81]采用煤岩渗透-力学试验系统,对含层理原煤试件进行了加载、卸载过程中的渗透试验研究。加载阶段当有效应力从 1 MPa 升高到 7 MPa 时,渗透率下降近 81%;卸载阶段最终渗透率只恢复到初始值的 14%,具有难以恢复的渗透率损失。许江等[82]等通过不同稳定时间条件下煤的循环荷载试验,表明煤在循环载荷作用下的变形过程中均存在渗透率滞后于体积应变的现象;此外,采用加轴压、卸围压的应力控制方式开展煤岩加卸载试验[83],研究结果表明:煤岩渗透率、应力差与应变关系可以分为初始压密和屈服阶段、屈服后阶段、破坏失稳阶段三个阶段。邓志刚等[84]现场实测了采动条件下煤体渗透率的变化情况。在采动过程中煤体分别经历了弹性、塑性、卸载膨胀三个过程,煤体渗透率的变化主要经历了缓慢增加、突然下降、突然增加三个阶段。李树刚等[85]采用MTS815.02 型岩石力学试验系统,探讨了全应力-应变过程中煤样渗透率随应变的变化规律,结果表明,煤样渗透率的峰值滞后于应力-应变峰值;随着围压增大,煤样的渗透率总体上呈下降趋势。陈绍杰等[86]针对山西沁水盆地煤进行了较高围压下的应力-应变全程渗透特性试验,分析了塑性特征明显的软煤试件在进入塑性流动状态前后渗透性的变化特征。祝捷等[87]进行了不同气体压力作用下煤样全应力-应变过程的瓦斯渗流试验,建立了加载煤样变形与渗透率的相关性模型,研究受荷煤样变形与瓦斯渗流的相互关系。Durucan 等[88-92]考察了长壁工作面附近煤体在开采过程中的结构和渗透率的变化特征,提出了煤体应力与渗透率的试验拟合关系。Connell 等[93-95]建立了三轴应力-应变条件下煤的渗透率解析模型。

煤岩属应变软化材料,渗透率会随煤岩的变形而表现出复杂的动态特征[96]。本构模型是对煤岩变形破坏定量描述的数学模型。建立准确的本构模型,是研究煤岩渗透率演化规律的先决条件。在弹性变形状态下,煤岩应力分量与应变分量存在一一对应关系,渗透性与应变分量也存在一一对应关系。在进入塑性状态后,煤岩应力分量与应变分量的一一对应关系不复存在,渗透率与应变分量的一一对应关系也被打破。煤岩屈服后,煤岩的塑性应变分量远大于弹性应变分量,且应变分量依赖于加载路径。因此,在煤岩屈服后,渗透率不仅取决于岩样当前的应变状态(或孔隙度),还与流动路径密切相关。

由上述研究可知,岩石的渗透性与其孔隙结构、变形、应力状态等因素相关,但是在上述研究中,普遍存在以下不足:

(1)目前试验的做法大多是在恒定围压下,逐级增大轴向应变或应力,属于简单加载方式,仅考虑了围压下降引起的岩石渗透率的变化,但仍未考虑变形的不可恢复性。

(2)认为渗透性与应变/应力状态存在对应关系,虽然对于不同岩样而言,其渗透性表述存在显著差异;但是对于同一岩样认为具有确定的应变/应力状态与确定的渗透性对应,即一种岩样的渗透率只有固定的一种表述。将渗透性参量表示为体积应变的单值函数,没有考虑塑性流动的影响。

针对以上不足,并考虑岩石塑性流动后相点位置受到流动路径的影响,本书拟通过不同加载路径下含水煤的渗透试验,研究含水煤层在塑性流动情况下渗透性参量的变化规律。本书的研究将为揭示突水和煤与瓦斯突出机理提供理论基础,为我国的矿山安全生产提供保障。

1.2.3 煤层为主含水层的成因研究

煤层为主含水层的煤系地层即便在我国南方也十分罕见。21世纪前,在我国北方特别是西北地区煤层含水的地质构造几乎闻所未闻。21世纪初,在榆横矿区小纪汗煤矿首次发现西部矿区煤层为主含水层的现象。煤层成为含水层的原因在于煤系地层形成过程中复杂的地质作用,通过研究煤系地层含水层的形成机理,为煤层为主含水层的特大型矿井安全生产提供了理论基础。

丁焕德等[97]基于榆横矿区水文地质赋存条件,采用理论与实测结合的分析方法,研究了煤系地层的地质演化规律,明确指出开采煤层即为矿井主含水层,改变了对煤矿传统含水层的认识,揭示了特殊地质环境下,煤层为主含水层的水文地质赋存特征。李强[98]在地质构造运动分析的基础上,研究了小纪汗矿区浅埋松散沙层-厚基岩-煤层的含水结构特征,运用地质学理论揭示了小纪汗矿区煤层为主含水层的形成机理。李海龙、钱宏伟等[99-100]针对小纪汗矿井巷道底板条件,通过对底板煤岩矿物组成成分、煤岩膨胀性、水作用下煤岩强度弱化规律的试验研究来分析煤层为主含水层的原因。朱南京等[101]研究了煤层为主含水层的成因,研究得到了含水煤体孔裂隙分布特征及渗透特性,以及采动应力对含水煤体裂隙扩展的影响特征,揭示了煤层为主含水层特大型矿井安全生产的关键因素,阐释了煤系地层含水层和煤层裂隙的形成机理,给出了煤层裂隙水的来源。李顺才等[102]对煤样和其上下岩层的煤岩进行单轴、三轴和剪切试验,通过煤样的抗拉压强度、内摩擦角和内聚力来解释煤层为主含水层的成因。以上都是通过水文地质或是从煤层与其上下岩层纵向的对比来解释煤层为含水层的成因。本书通过含水煤层与非含水煤层初始孔隙度和原生裂隙以及其渗透性能的对比研究,从一个侧面探索小纪汗矿煤层含水的原因。

1.3 研究内容和技术路线

1.3.1 研究内容

本书以煤层为主含水层的小纪汗煤矿和邻近矿区的非含水隆德煤矿为试验对象,通过塑性流动下的滞回试验,分析剪切屈服后含水煤层滞回曲线的几何特征;通过含水煤层的渗透试验,研究含水煤层塑性流动下渗透率的变化规律;最后,通过含水煤层和非含水煤层的强度、微观结构、塑性流动和渗透性等方面的对比,简析含水煤层储水的原因。主要内容如下:

(1) 剪切屈服后煤的滞回性(应力-应变曲线滞环):

① 通过煤样三轴压缩试验分析含水煤层剪切破坏符合哪种准则(C-M 准则、D-P 准则);

② 恒定围压下,轴向应变-轴向应力滞回曲线、环向应变-轴向应力滞回曲线和体积应变-平均应力滞回曲线的几何特征;

③ 恒定轴向应变下,环向应变-轴向应力滞回曲线、环向应变-环向应力滞回曲线的几何特征。

(2) 塑性流动下渗透性变化规律:

① 恒定围压下,轴向应变-渗透率滞回曲线和体积应变-渗透率滞回曲线的几何特征,渗透率随轴向应变或体积应变的变化规律;

② 恒定轴向应变(应力)下,围压-渗透率滞回曲线的几何特征,渗透率随围压的变化规律。

(3) 含水煤层储水原因简析:

① 小纪汗含水煤层与隆德非含水煤层初始裂隙结构特征和初始孔隙度等方面的对比;

② 小纪汗含水煤层与隆德非含水煤层在塑性流动下强度和渗透性的对比。

1.3.2 技术路线

本书综合运用塑性力学和渗流力学理论研究含水煤层的剪切破坏规律、塑性流动法则以及塑性流动下渗透性参量的变化规律。通过三轴压缩试验考察煤层剪切破坏服从哪种破坏准则,得到剪切强度(用内聚力和内摩擦角两个指标定量描述);分析轴向应变-轴向应力滞回曲线、轴向应力-环向应变滞回曲线、径向应力-轴向应变滞回曲线、径向应力-环向应变滞回曲线的几何特征;通过不同加载路径下的渗透试验,分析塑性流动下渗透率的变化规律。研究技术路线见图 1-1。

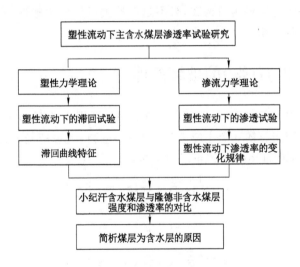

图 1-1 研究技术路线流程图

2 岩石塑性流动与滞回性

在塑性流动过程中,煤的渗透率变化与加载路径密切相关。为了研究塑性流动下煤的渗透率(变化),需要掌握剪切后煤的流动法则。在塑性力学中,流动法则分为关联流动法则和非关联流动法则。无论关联流动法则还是非关联流动法则,塑性应变增量都是基于塑性势函数构建,只不过在非关联流动中塑性势函数与屈服函数不相等。

2.1 岩石(煤)的破坏条件

在弹性状态下,岩石的应力应变关系可用广义 Hooke 定律来描述。记岩石的 3 个主应力分别为 σ_1、σ_2 和 σ_3,主应变分别为 ε_1、ε_2 和 ε_3,则 Hooke 定律可以表示为:

$$\begin{cases} \varepsilon_1 = \dfrac{1+\nu}{E}\sigma_1 - \dfrac{\nu}{E}(\sigma_1 + \sigma_2 + \sigma_3) \\[2mm] \varepsilon_2 = \dfrac{1+\nu}{E}\sigma_2 - \dfrac{\nu}{E}(\sigma_1 + \sigma_2 + \sigma_3) \\[2mm] \varepsilon_3 = \dfrac{1+\nu}{E}\sigma_3 - \dfrac{\nu}{E}(\sigma_1 + \sigma_2 + \sigma_3) \end{cases} \tag{2-1}$$

其中,E 为弹性模量;ν 为 Poisson 比。

引入 Lame 系数:

$$\lambda = \frac{E\nu}{(1+\nu)(1-2\nu)}, G = \frac{E}{2(1+\nu)}$$

可将式(2-1)改写为:

$$\begin{cases} \sigma_1 = \lambda\varepsilon_V + 2G\varepsilon_1 \\ \sigma_2 = \lambda\varepsilon_V + 2G\varepsilon_2 \\ \sigma_3 = \lambda\varepsilon_V + 2G\varepsilon_3 \end{cases} \tag{2-2}$$

其中，$\varepsilon_V = \varepsilon_1 + \varepsilon_2 + \varepsilon_3$ 为体积应变。

由式(2-2)容易看出：

$$\begin{cases} \sigma_1 - \sigma_2 = 2G(\varepsilon_1 - \varepsilon_2) \\ \sigma_2 - \sigma_3 = 2G(\varepsilon_2 - \varepsilon_3) \\ \sigma_1 - \sigma_3 = 2G(\varepsilon_1 - \varepsilon_3) \end{cases} \tag{2-3}$$

实际上，式(2-3)表示的是剪应力与剪应变之间的关系。

岩石(煤)的破坏形式有两种，分别是拉伸破坏和剪切屈服。拉伸破坏服从 Galileo 准则或 Lagrange 准则。在 $\sigma_1 \geqslant \sigma_2 \geqslant \sigma_3$ 的约定下 Galileo 准则可以表示为：

$$\sigma_1 = \sigma^t \tag{2-4}$$

其中，σ^t 为岩石的抗拉强度。

在 $\varepsilon_1 \geqslant \varepsilon_2 \geqslant \varepsilon_3$ 的约定下，Lagrange 准则可以表示为：

$$\varepsilon_1 - \frac{\sigma^t}{E} = 0 \tag{2-5}$$

目前，描述岩石剪切屈服的准则有 Coulomb 准则、Coulomb-Mohr 准则(C-M 准则)、Drucker-Prager(D-P 准则)、Hoek-Brown 准则(H-B 准则)、Holmquist-Johnson-Cook 准则(HJC 准则)等。Coulomb 准则的表达式为：

$$\tau = C + \sigma\tan\Phi \tag{2-6}$$

其中，τ 为剪切面上的剪应力；σ 为剪切面上的正应力；C 为内聚力；Φ 为内摩擦角。

Coulomb-Mohr 准则的数学表达式为：

$$\sigma_1 = K + \sigma_3\tan^2\alpha \tag{2-7}$$

其中，$\alpha = \dfrac{\pi}{4} + \dfrac{\Phi}{2}$，$K = \dfrac{2C\cos\Phi}{1 - \sin\Phi}$。

平均正应力 σ_m、等效应力 q 和应力 Lode 角 θ_σ 与主应力的关

系为：

$$\begin{cases} \sigma_m = \frac{1}{3}(\sigma_{(1)} + \sigma_{(2)} + \sigma_{(3)}) \\ q = \frac{1}{\sqrt{2}}\sqrt{(\sigma_{(1)} - \sigma_{(2)})^2 + (\sigma_{(2)} - \sigma_{(3)})^2 + (\sigma_{(3)} - \sigma_{(1)})^2} \\ \theta_\sigma = \arctan \frac{2\sigma_{(2)} - \sigma_{(1)} - \sigma_{(3)}}{\sqrt{3}(\sigma_{(1)} - \sigma_{(3)})} \end{cases} \quad (2\text{-}8)$$

以平均正应力 σ_m、等效应力 q 和应力 Lode 角 θ_σ 表示的 Coulomb-Mohr 准则为：

$$q = \frac{3C\cos\Phi}{\sqrt{3}\cos\theta_\sigma + \sin\theta_\sigma\sin\Phi} + \frac{3C\sin\Phi}{\sqrt{3}\cos\theta_\sigma + \sin\theta_\sigma\sin\Phi}p,$$

$$-\frac{\pi}{6} \leqslant \theta_\sigma \leqslant \frac{\pi}{6} \quad (2\text{-}9)$$

在 π 平面上，Coulomb-Mohr 准则的屈服线为六边形，见图 2-1。

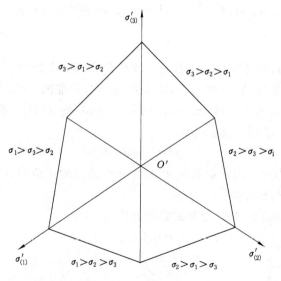

图 2-1　π 平面上 Coulomb-Mohr 准则

Drucker-Prager 准则的表达式为：

$$\sqrt{J_2} + \alpha I_1 - k_\varphi = 0 \qquad (2\text{-}10)$$

其中，I_1 为应力张量的第一不变量（也称第一应力不变量）；J_2 为偏应力张量的第二不变量（也称第二偏应力不变量）。I_1 和 J_2 与主应力的关系式分别为：

$$I_1 = 3\sigma_m = \sigma_1 + \sigma_2 + \sigma_3 \qquad (2\text{-}11)$$

$$J_2 = \frac{1}{6}\left[(\sigma_1 - \sigma_2)^2 + (\sigma_2 - \sigma_3)^2 + (\sigma_3 - \sigma_1)^2\right] \qquad (2\text{-}12)$$

第二偏应力不变量与等效应力 q 的关系为：

$$q = \sqrt{3J_2} \qquad (2\text{-}13)$$

以平均正应力和等效应力表示的 Drucker-Prager 准则为：

$$q + \alpha'\sigma_m - k'_\varphi = 0 \qquad (2\text{-}14)$$

其中，$\alpha' = \dfrac{1}{\sqrt{3}}\alpha$，$k'_\varphi = \sqrt{3}\,k_\varphi$。

Hoek-Brown 准则的表达式为：

$$\sigma_1 = \sigma_3 + \sigma_c\left(m_b\,\frac{\sigma_3}{\sigma_c} + s\right)^a \qquad (2\text{-}15)$$

其中，σ_c 为单轴抗压强度；m_b、s 和 a 为岩体参数，且：

$$\begin{cases} m_b = \exp\left(\dfrac{GSI - 100}{28 - 14D}\right)m_i \\[2mm] s = \exp\left(\dfrac{GSI - 100}{9 - 3D}\right) \\[2mm] a = 0.5 + \dfrac{1}{6}\left[\exp(-GSI/15) - \exp(-20/3)\right] \end{cases} \qquad (2\text{-}16)$$

其中，GSI 为地质强度指标；D 是反映爆破和应力释放对岩石强度影响的参量。

Holmquist-Johnson-Cook 准则的表达式为：

$$q^* = \left[A(1 - D) + B\sigma_m^{*N}\right](1 + c^*\ln\varepsilon^*) \qquad (2\text{-}17)$$

其中，$q^* = q/Q_c$ 为特征化等效应力；$\sigma_m^{*N} = \sigma_m^N/\sigma_c$ 为特征化压力；ε^* 为特征化应变率；c^* 为应变率影响参数；A、B、D 为极限面

参数。

2.2 关联流动与非关联流动

流动准则表示材料达到屈服后塑性变形增量之间的比例关系。当岩石(煤)应力状态满足屈服条件进入塑性之后,弹性本构关系(即广义 Hooke 定律)不再适用,因此要建立塑性本构方程描述应力增量和应变增量之间的关系。在建立塑性应力应变关系时,可以引入塑性势函数,并对应力分量求偏导数得到塑性应变增量。记塑性势函数为 $Q=F(\sigma_1,\sigma_3)$,则流动法则可以表达为:

$$\begin{cases} d\varepsilon_1^e = \dfrac{\partial Q}{\partial \sigma_1} d\lambda_s \\[2mm] d\varepsilon_2^e = \dfrac{\partial Q}{\partial \sigma_2} d\lambda_s \\[2mm] d\varepsilon_3^e = \dfrac{\partial Q}{\partial \sigma_3} d\lambda_s \end{cases} \tag{2-18}$$

其中,$d\lambda_s$ 称为塑性比例系数。

当塑性势函数与屈服函数相同时,称流动准则为关联流动准则,否则称为非关联流动准则。

下面我们介绍岩石服从 C-M 准则时关联流动和非关联流动中主应力增量与塑性主应变增量之间的关系。

2.2.1 关联流动法则

在关联流动中,塑性势函数等于屈服函数。当岩石屈服服从C-M 准则时,塑性势函数为:

$$Q=F(\sigma_1,\sigma_3)=\sigma_1-K-\sigma_3\tan^2\alpha \tag{2-19}$$

或

$$Q=F(\sigma_1,\sigma_3)=\sigma_1-\frac{2C\cos\Phi}{1-\sin\Phi}-\sigma_3\frac{1+\sin\Phi}{1-\sin\Phi} \tag{2-20}$$

由式(2-20)容易看出:

$$\frac{\partial Q}{\partial \sigma_1}=1, \frac{\partial Q}{\partial \sigma_3}=-\frac{1+\sin \Phi}{1-\sin \Phi}$$

根据式(2-18),可以得到塑性应变增量

$$\begin{cases} d\varepsilon_1^p = d\lambda_s \\ d\varepsilon_2^p = 0_s \\ d\varepsilon_3^p = -\dfrac{1+\sin \Phi}{1-\sin \Phi}d\lambda_s \end{cases} \quad (2\text{-}21)$$

弹性应变增量可根据 Hooke 定律写出,即:

$$\begin{cases} d\varepsilon_1^e = \dfrac{1+\nu}{E}d\sigma_1 - \dfrac{3\nu}{E}d\sigma_m \\ d\varepsilon_2^e = \dfrac{1+\nu}{E}d\sigma_2 - \dfrac{3\nu}{E}d\sigma_m \\ d\varepsilon_3^e = \dfrac{1+\nu}{E}d\sigma_3 - \dfrac{3\nu}{E}d\sigma_m \end{cases} \quad (2\text{-}22)$$

将塑性应变增量与弹性应变增量相加,得到(总)应变增量:

$$\begin{cases} d\varepsilon_1^e = \dfrac{1+\nu}{E}d\sigma_1 - \dfrac{3\nu}{E}d\sigma_m - d\lambda_s \\ d\varepsilon_2^e = \dfrac{1+\nu}{E}d\sigma_2 - \dfrac{3\nu}{E}d\sigma_m \\ d\varepsilon_3^e = \dfrac{1+\nu}{E}d\sigma_3 - \dfrac{3\nu}{E}d\sigma_m - \dfrac{1+\sin \Phi}{1-\sin \Phi}d\lambda_s \end{cases} \quad (2\text{-}23)$$

2.2.2 非关联流动法则

在非关联流动中,塑性势函数不等于屈服函数,但与屈服函数仍存在关系。当岩石屈服服从 C-M 准则时,以膨胀角 Ψ 替代内摩擦角 Φ,可以得到塑性势函数:

$$Q=F(\sigma_1,\sigma_3)=\sigma_1 - \frac{2C\cos \Psi}{1-\sin \Psi} - \sigma_3 \frac{1+\sin \Psi}{1-\sin \Psi} \quad (2\text{-}24)$$

根据式(2-18)和式(2-24),可以写出塑性应变增量:

$$
\begin{cases}
d\varepsilon_1^p = d\lambda_s \\
d\varepsilon_2^p = 0_s \\
d\varepsilon_3^p = -\dfrac{1+\sin\Psi}{1-\sin\Psi}d\lambda_s
\end{cases}
\tag{2-25}
$$

弹性应变增量仍满足式(2-22),故(总)应变增量为:

$$
\begin{cases}
d\varepsilon_1^e = \dfrac{1+\nu}{E}d\sigma_1 - \dfrac{3\nu}{E}d\sigma_m - d\lambda_s \\
d\varepsilon_2^e = \dfrac{1+\nu}{E}d\sigma_2 - \dfrac{3\nu}{E}d\sigma_m \\
d\varepsilon_3^e = \dfrac{1+\nu}{E}d\sigma_3 - \dfrac{3\nu}{E}d\sigma_m - \dfrac{1+\sin\Psi}{1-\sin\Psi}d\lambda_s
\end{cases}
\tag{2-26}
$$

2.3 岩石应力应变滞回曲线

当岩石进入剪切屈服后,应力分量不再由应变分量完全确定,应力分量对加载路径(加载方向)和加载历史具有依赖性。这种依赖性,反映在几何图形上就表现为往返程应力-应变曲线不相重合,通常是返程中应变滞后于应力。这种现象称为滞后效应。

岩石屈服后应变滞后于应力与电磁学中磁场强度滞后于磁极化强度(磁场强度滞后于磁感应强度)现象相似,我们可以运用电磁学中滞回模型来研究应力-应变滞后现象。为此,我们这里先介绍电磁学中常用的几种滞后模型。

(1) 刘宗川模型

刘宗川等[103]提出了一种含有 5 个参量磁滞模型,表达式为:

$$
\begin{cases}
B = B_1\sin\theta \\
H = B_1\left[\dfrac{1}{\mu_1}\sin(\theta+\Psi_1) + \dfrac{1}{\mu_3}\sin(3\theta+\Psi_3)\right]
\end{cases}
\tag{2-27}
$$

其中,H 为磁场强度;B 为磁感应强度;B_1 为饱和磁感应强度;μ_1 和 μ_2 为反映材料磁导性质的参量;Ψ_1 和 Ψ_2 是反映磁场强度与磁感应强度相位关系的参量。

由式(2-27)容易看出，一个磁场强度对应两个相位角 θ，从而对应两个磁感应强度，这是人们利用三角函数表达滞后模型的一种理由。

为了进行数值仿真，我们将式(2-27)改为常微分方程：

$$\begin{cases} \dfrac{\mathrm{d}B}{\mathrm{d}\theta} = B_1 \cos\theta \\[3mm] \dfrac{\mathrm{d}H}{\mathrm{d}\theta} = B_1\left[\dfrac{1}{\mu_1}\cos(\theta+\Psi_1)+\dfrac{3}{\mu_3}\cos(3\theta+\Psi_3)\right] \end{cases}$$

取 $B_1 = 1.5$，$\mu_1 = 0.0018$，$\mu_2 = -0.0065$，$\Psi_1 = 0.33$，$\Psi_2 = 0.08$，利用 Runge-Kutta 求出 $\theta\in[0,2\pi]$ 上的数值解，绘出磁场强度-相位角曲线、磁感应强度-相位角曲线和磁场强度-磁感应强度滞回曲线，见图 2-2。

(2) Miller 模型

陈小明[104]认为电滞回线具有双曲线形状，右半支电滞回线的电极化强度为：

$$P_{sat}^* = P_s \tanh\left[\frac{1}{2}\left(\frac{E}{E_c}+1\right)\ln\left(\frac{1+P_r/P_s}{1-P_r/P_s}\right)\right] \qquad (2\text{-}28)$$

其中，E 为电场强度；E_c 为矫顽电场强度；P_s 铁电电容的自发极化强度；P_r 剩余极化强度。

左半支电滞回线的电极化强度为：

$$P_{sat}^+ = P_s \tanh\left[\frac{1}{2}\left(\frac{E}{E_c}-1\right)\ln\left(\frac{1+P_r/P_s}{1-P_r/P_s}\right)\right] \qquad (2\text{-}29)$$

图 2-3 给出了 $E_c = 45$ kV/cm，$P_s = 23$ $\mu C/cm^2$，$P_r = 14$ $\mu C/cm^2$ 条件下的电极化曲线。

(3) Jiles-Atheron 模型

Jiles-Atheron 模型是由 D. C. Jiles 和 D. L. Atherton 基于铁磁材料的畴壁理论建立的一种滞回模型[105]，其数学表达式为

$$\frac{\mathrm{d}M}{\mathrm{d}H} = \frac{(\widetilde{M}-M)+k_m\chi\omega\dfrac{\mathrm{d}\widetilde{M}}{\mathrm{d}H_e}}{k_m\chi-\widetilde{\alpha}(\widetilde{M}-M)-\widetilde{\alpha}k_m\chi\omega\dfrac{\mathrm{d}\widetilde{M}}{\mathrm{d}H_e}} \qquad (2\text{-}30)$$

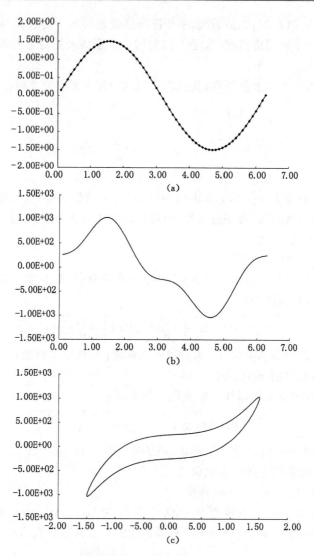

图 2-2 刘宗川模型滞回曲线

（a）磁场强度-相位角曲线；（b）磁感应强度-相位角曲线；

（c）磁场强度-磁感应强度滞回曲线

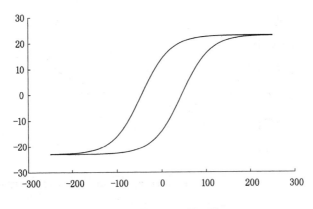

图 2-3　电滞回线的模拟值

其中，M 为磁极化强度；H_e 为有效磁场强度；$\tilde{M}$ 为无滞回的磁极化强度；k_m 为不可逆磁滞系数；χ 为方向系数；ω 为可逆分量系数；$\tilde{\alpha}$ 为畴壁相互作用系数。有效磁场强度和无滞回的磁极化强度分别为：

$$H_e = H + \tilde{\alpha}M \tag{2-31}$$

$$\tilde{M} = M_s\left[\coth\left(\frac{H_e}{H_a}\right) - \frac{H_a}{H_e}\right] \tag{2-32}$$

其中，M_s 为饱和磁极化强度；H_a 为表征无磁滞磁化曲线形状的参数。

图 2-4 给出了 $H_a = 2.0 \times 10^{+3}$，$\alpha = 1.3 \times 10^{-3}$，$M_s = 2.31 \times 10^{+6}$，$k_m = 3\,000$，$\omega = 0.3$ 条件下的磁滞回线。

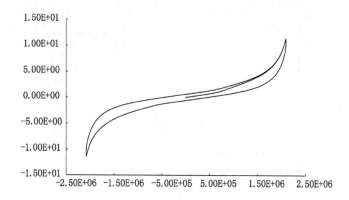

图 2-4　利用 Jiles-Atheron 模型构造的磁滞回线

2.4　本章小结

本章介绍了塑性流动法则和几种常见的滞后模型。讲述了关联流动法则和非关联流动法则两种塑性流动法则的区别，给出了在两种流动下塑性势函数的表达式，推导了复杂应力路径下引起的塑性应变增量和总应变增量的公式。简单叙述了岩石应力-应变滞后效应的定义。

为了研究应力-应变滞后现象，给出了三种典型的电磁学滞后模型，分别为刘宗川模型、Miller 模型、Jiles-Atheron 模型，并对每种模型表达式赋予了一定的参量值，绘出了各自的滞回曲线。电磁学中磁场强度滞后于磁极化强度（磁场强度滞后于磁感应强度）与岩石屈服后应变滞后于应力的现象相似，我们可以运用电磁学中滞回模型来研究应力-应变滞后现象。

3　渗流基本理论和渗透率演化模型

　　煤体的受力状态在外界扰动下重新分布后,岩体内部的孔隙结构、微裂纹以及节理等发生变化,与此相对应,岩体的渗透性也发生变化。在弹性变形状态下,煤岩应力分量与应变分量存在一一对应关系,渗透性与应变分量也存在一一对应关系。在进入塑性状态后,煤岩应力分量与应变分量的一一对应关系不复存在,渗透率与应力分量的一一对应关系也被打破。煤岩屈服后,应变分量不仅与应力有关,而且更依赖于加载路径。因此,在煤岩屈服后,渗透率不仅取决于岩样当前的应变状态(或孔隙度),还与流动路径密切相关。因此,研究煤岩破坏后渗透性参量的变化规律是揭示突水机理的基础。

　　本章介绍渗流力学的基本理论,重点介绍几种常用的渗透率模型。

3.1　岩石渗流的基本概念

　　岩石(煤)是一种多孔介质,流体在多孔介质中的流动称为渗透。利用连续介质力学方法研究渗透行为的学科称为渗流力学。孔隙介质具有孔隙性、压缩性和渗透性等多种性质。渗透过程中流体的压力与速度之间的关系可用质量守恒方程、动量守恒方程来描述。

3.1.1　多孔介质的性质

　　多孔介质的性质是研究煤的渗透性的基础,本节介绍多孔介质的几个主要性质,包括孔隙性、压缩性和渗透性。

(1) 多孔介质的孔隙性

多孔介质的孔隙性也称储容性。孔隙性通常由孔隙度、有效孔隙度、孔隙比来刻画。岩石的孔隙度 φ 定义为孔隙体积 δV_{pore} 与视体积 δV 之比,即:

$$\varphi = \frac{\delta V_{\mathrm{pore}}}{\delta V} \qquad (3\text{-}1)$$

岩石的有效孔隙度 φ_e 定义为有效孔隙体积 $\delta V_{\mathrm{pore}}^{\mathrm{eff}}$ 与视体积 δV 之比,即:

$$\varphi_e = \frac{\delta V_{\mathrm{pore}}^{\mathrm{eff}}}{\delta V} \qquad (3\text{-}2)$$

岩石的孔隙比 e 定义为孔隙体积 δV_{pore} 与骨架体积 $(\delta V - \delta V_{\mathrm{pore}})$ 之比,即:

$$e = \frac{\delta V_{\mathrm{pore}}^{\mathrm{eff}}}{\delta V - \delta V_{\mathrm{pore}}} \qquad (3\text{-}3)$$

显然,孔隙比与孔隙度之间的关系为:

$$e = \frac{\varphi}{1 - \varphi} \qquad (3\text{-}4)$$

(2) 多孔介质的压缩性

在多孔介质中一点截取一微元体 δV,并用以法线单位矢量为 $\vec{n}$ 的平面截割微元体,见图 3-1。

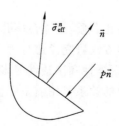

图 3-1　多孔介质微元体某一截面上的应力矢量

以 $\vec{n}$ 为法线的截面上，孔隙介质的应力矢量由两部分组成，第一部分为有效应力（记为 $\vec{\sigma}_{\text{eff}}^{n}$），第二部分为流体压力（记为 p）。由于压力方向与截面外法线相反，故截面上总应力为 $\vec{\sigma}^{n} = \vec{\sigma}_{\text{eff}}^{n} - p\vec{n}$。分别以坐标轴 Ox_1、Ox_2 和 Ox_3 为法线的六个截面截割微元体，得到一个微小六面体，见图 3-2。

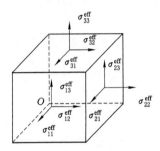

图 3-2　多孔介质一点周围的微小六面体

六个截面上的有效应力分别为：

$$\begin{cases} \vec{\sigma}_{\text{eff}}^{\vec{e_1}} = \sigma_{11}^{\text{eff}}\vec{e}_1 + \sigma_{12}^{\text{eff}}\vec{e}_2 + \sigma_{13}^{\text{eff}}\vec{e}_3 \\ \vec{\sigma}_{\text{eff}}^{\vec{e_2}} = \sigma_{21}^{\text{eff}}\vec{e}_1 + \sigma_{22}^{\text{eff}}\vec{e}_2 + \sigma_{23}^{\text{eff}}\vec{e}_3 \\ \vec{\sigma}_{\text{eff}}^{\vec{e_3}} = \sigma_{31}^{\text{eff}}\vec{e}_1 + \sigma_{32}^{\text{eff}}\vec{e}_2 + \sigma_{33}^{\text{eff}}\vec{e}_3 \\ \vec{\sigma}_{\text{eff}}^{-\vec{e_1}} = -\sigma_{11}^{\text{eff}}\vec{e}_1 - \sigma_{12}^{\text{eff}}\vec{e}_2 - \sigma_{13}^{\text{eff}}\vec{e}_3 \\ \vec{\sigma}_{\text{eff}}^{-\vec{e_2}} = -\sigma_{21}^{\text{eff}}\vec{e}_1 - \sigma_{22}^{\text{eff}}\vec{e}_2 - \sigma_{23}^{\text{eff}}\vec{e}_3 \\ \vec{\sigma}_{\text{eff}}^{-\vec{e_3}} = -\sigma_{31}^{\text{eff}}\vec{e}_1 - \sigma_{32}^{\text{eff}}\vec{e}_2 - \sigma_{33}^{\text{eff}}\vec{e}_3 \end{cases} \tag{3-5}$$

多孔介质的压缩性要分别考虑有效应力和孔隙压力两个方面的效应。有效应力引起的多孔介质体积的变化用压缩模量来描述，其定义为：

$$K_b = \frac{\mathrm{d}\sigma_m^{\text{eff}}}{\mathrm{d}\varepsilon_V}\bigg|_{p=\text{常数}} \tag{3-6}$$

其中，σ_m^{eff} 为平均有效正应力；$\mathrm{d}\varepsilon_V$ 为微元体积。

孔隙的压缩性还可用孔隙压缩系数来描述，孔隙压缩系数定义为：

$$c_\varphi = \frac{1}{\varphi} \frac{\mathrm{d}\varphi}{\mathrm{d}p} \bigg|_{\sigma_m = 常数} \tag{3-7}$$

对式（3-7）积分，可得：

$$\varphi = \varphi_0 \exp\left[c_\varphi(p - p_0)\right] \tag{3-8}$$

其中，p_0 为流体压力的参考值；φ_0 为对应于参考压力 p_0 的孔隙度，即 $\varphi_0 = \varphi\big|_{p = p_0}$。

多孔介质的应变由有效应力和孔隙压力引起，故应变分量为：

$$\begin{cases} \varepsilon_{11} = \frac{1+\nu}{E}\sigma_{11}^{\mathrm{eff}} - \frac{3\nu}{E}\sigma_m^{\mathrm{eff}} + \frac{p}{3K_\varphi} \\[2mm] \varepsilon_{22} = \frac{1+\nu}{E}\sigma_{22}^{\mathrm{eff}} - \frac{3\nu}{E}\sigma_m^{\mathrm{eff}} + \frac{p}{3K_\varphi} \\[2mm] \varepsilon_{33} = \frac{1+\nu}{E}\sigma_{33}^{\mathrm{eff}} - \frac{3\nu}{E}\sigma_m^{\mathrm{eff}} + \frac{p}{3K_\varphi} \\[2mm] \varepsilon_{12} = \frac{1+\nu}{E}\sigma_{12}^{\mathrm{eff}} \\[2mm] \varepsilon_{23} = \frac{1+\nu}{E}\sigma_{23}^{\mathrm{eff}} \\[2mm] \varepsilon_{31} = \frac{1+\nu}{E}\sigma_{31}^{\mathrm{eff}} \end{cases} \tag{3-9}$$

其中，E 为弹性模量；ν 为 Poisson 比；K_φ 为孔隙压力系数。

在连续介质力学中，应力分量的正负号规定普遍遵循一条原则，即有效应力为张量（记为 $\overset{\leftrightarrow}{\Sigma}{}^{\mathrm{eff}}$），且有效应力矢量与有效应力张量满足如下关系：

$$\vec{\sigma}_{\mathrm{eff}}^n = \vec{n} \cdot \overset{\leftrightarrow}{\Sigma}{}^{\mathrm{eff}} \tag{3-10}$$

因此，在式（3-9）中孔隙压力前符号为正。

在岩石力学中，正应力以压应力为正，拉应力为负；正应变以压缩为正，伸长为负。在这样的约定下，式（3-9）可以改写为：

$$
\begin{cases}
\varepsilon_{11} = \dfrac{1+\nu}{E}\sigma_{11}^{\text{eff}} - \dfrac{3\nu}{E}\sigma_m^{\text{eff}} - \dfrac{p}{3K_\varphi} \\[2mm]
\varepsilon_{22} = \dfrac{1+\nu}{E}\sigma_{22}^{\text{eff}} - \dfrac{3\nu}{E}\sigma_m^{\text{eff}} - \dfrac{p}{3K_\varphi} \\[2mm]
\varepsilon_{33} = \dfrac{1+\nu}{E}\sigma_{33}^{\text{eff}} - \dfrac{3\nu}{E}\sigma_m^{\text{eff}} - \dfrac{p}{3K_\varphi} \\[2mm]
\varepsilon_{12} = \dfrac{1+\nu}{E}\sigma_{12}^{\text{eff}} \\[2mm]
\varepsilon_{23} = \dfrac{1+\nu}{E}\sigma_{23}^{\text{eff}} \\[2mm]
\varepsilon_{31} = \dfrac{1+\nu}{E}\sigma_{31}^{\text{eff}}
\end{cases}
\tag{3-11}
$$

根据式(3-9),可以得到:

$$
\varepsilon_V = 3\left(\frac{1+\nu}{E}\sigma_m^{\text{eff}} - \frac{3\nu}{E}\sigma_m^{\text{eff}}\right) + \frac{p}{K_\varphi} = \frac{3(1-2\nu)}{E}\sigma_m^{\text{eff}} + \frac{p}{K_\varphi} = \frac{\sigma_m^{\text{eff}}}{K_b} + \frac{p}{K_\varphi}
\tag{3-12}
$$

其中,K_b 为多孔介质的体积模量;$K_b = \dfrac{E}{3(1-2\nu)}$。 由式(3-12)可以看出:

$$
K_\varphi = \frac{\mathrm{d}p}{\mathrm{d}\varepsilon_V}\bigg|_{\sigma_m = \text{常数}}
\tag{3-13}
$$

(3) 多孔介质的渗透性

岩石的渗透性可用渗透率或渗透系数来表征。渗透系数的定义单位坡降下的渗流速度,即:

$$
K = \frac{V}{i}
\tag{3-14}
$$

其中,V 为单位面积上的流量(即渗流速度);i 为坡降(水头梯度的负值)。渗透率与渗透系数之间的关系为:

$$
\frac{K}{\rho g} = \frac{k}{\mu}
\tag{3-15}
$$

其中,g 为重力加速度;ρ 为流体的密度;μ 为流体的动量黏度。

对于低渗透性介质,渗流速度与压力梯度之间不再服从线性关系,即 Darcy 定律不再适用。这时,岩石的渗透性需用几个参量来表征。对于 Forcheimer 型非 Darcy 流动,渗透特性有 3 个,即岩石的渗透率 k(渗透系数)、非 Darcy 流 β 因子与加速度系数 c_a。

3.1.2 流体的基本性质

流体在岩石中流动不仅受孔隙介质的影响,也与流体自身的性质有关。流体的性质包括压缩性、黏性等。

(1) 密度

流体具有惯性,度量惯性的参量称为质量密度(简称密度),流体的密度是指单位体积流体的质量,即:

$$\rho = \frac{\mathrm{d}m}{\mathrm{d}V} \tag{3-16}$$

液体的体积受温度和压力的影响很小。例如水,压力增加 1 大气压,体积只减小十万分之五,温度在 $80\sim100$ ℃范围内的水,水温升高 1 ℃,体积只膨胀万分之七。因此,在工程计算上可以把液体的密度看作与温度、压力无关的常数。

一定质量气体的体积受温度和压力的影响很大,其相互关系可以用气体状态方程表示:

$$\rho = \rho_0 \frac{T_0 p}{T p_0} \tag{3-17}$$

p、p_0 为气体在某状态下和标准状态下的绝对压力(Pa);T、T_0 为气体在某状态下和标准状态下的温度(K)。

(2) 压缩性

流体的压缩性可由压缩系数 c_f 来表征,也可用压缩模量 K_f 来表征。流体压缩系数的定义为:

$$c_f = -\frac{1}{\delta V} \frac{\mathrm{d}(\delta V)}{\mathrm{d}p} \tag{3-18}$$

由于压强增大时体积缩小,即 δp 与 $\mathrm{d}(\delta V)$ 异号,故在等式的右侧加一负号。c_f 的单位为 m^2/N 或 Pa^{-1}。

流体的体积模量定义为:

$$K_f = -\frac{\mathrm{d}p}{\mathrm{d}(\delta V)/\delta V} \qquad (3\text{-}19)$$

流体体积模量 K_f 的单位为 Pa。

显然,流体的压缩系数与体积模量互为倒数,即:

$$c_f K_f = 1 \qquad (3\text{-}20)$$

工程上常用体积模量去衡量流体压缩性的大小。显然,K_f 值大的流体的压缩性小,K_f 值小的流体的压缩性大。

(3) 黏性

1687 年,Newton 通过平板试验得出流体剪应力与流速梯度的线性关系,并提出了动力黏度系数。图 3-3 给出了沿 x_1 方向平行流动的流体在 x_2 方向上速度分布。Newton 的试验结果表明,剪应力 τ_{12} 与速度梯度成正比,即:

$$\tau_{12} = \mu \frac{\partial v_1}{\partial x_2} \qquad (3\text{-}21)$$

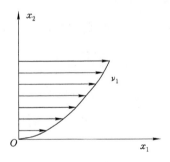

图 3-3　流体平行流动的速度分布

其中,μ 为动力黏度(系数),其物理意义为单位速度梯度时切应力的大小。动力黏度的单位为 Pa·s。

将式(3-21)推广到三维流动,可以得到:

$$\tau_{ij} = \mu\left(\frac{\partial v_i}{\partial x_j} + \frac{\partial v_j}{\partial x_i}\right), \quad (i, j = 1, 2, 3) \qquad (3\text{-}22)$$

流体的黏度与温度有关。当温度升高时,液体的黏度急剧下降；与此相反，气体的黏度则随温度的上升而增大。

气体的动力黏度和温度的关系可近似地用下式表示：

$$\mu = \mu_0 \left(\frac{273+c}{T+c} \right) \left(\frac{T}{273} \right) \frac{3}{2} \qquad (3\text{-}23)$$

其中 c 是与气体相关的常数，对于空气，$c = 122$。

水的动力黏度和温度的关系可近似表示为：

$$\mu = \frac{1.787 \times 10^{-3}}{1 + 0.033\,7T + 0.000\,22T^2} \ (Pa \cdot s) \qquad (3\text{-}24)$$

3.2 岩石渗流的基本规律

流体在岩石中渗透时，渗流速度与压力之间遵循一些基本的运动规律，包括质量守恒定律和动量守恒定律。

3.2.1 流体的质量守恒方程

在多孔介质中取一个环状微元体，如图 3-4 所示。

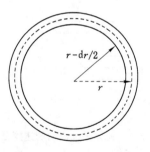

图 3-4　质量守恒示意图

首先考虑一维流动（平面径向流动）中流体的质量守恒关系。

在平面径向流动中，环向渗流速度和轴向渗流速度均为零，即 $V_\theta = 0$，$V_z = 0$，只有径向渗流速度 V_r 不为零，故渗流速度 $\vec{V} = V_r \vec{e}_r$，这里 $\vec{e}_r$ 为径向单位矢量。

在 $\mathrm{d}t$ 时间内,流入微元体的质量流量为:

$$\left[\rho V_r - \frac{\partial \partial(\rho V_r)\mathrm{d}r}{\mathrm{d}r}\frac{\mathrm{d}r}{2}\right]\times 2\pi\left(r-\frac{\mathrm{d}r}{2}\right)\mathrm{d}z\mathrm{d}t \qquad (3\text{-}25)$$

流出微元体的质量流量为:

$$\left[\rho V_r + \frac{\partial(\rho V_r)}{\partial r}\frac{\mathrm{d}r}{2}\right]\times 2\pi\left(r+\frac{\mathrm{d}r}{2}\right)\mathrm{d}z\mathrm{d}t \qquad (3\text{-}26)$$

多孔介质微元体的质量变化是由多孔介质体积变化和流体密度变化引起的,故在 $\mathrm{d}t$ 时间内质量变化为:

$$\frac{\partial}{\partial t}\{\rho\varphi[\pi(r+\mathrm{d}r/2)^2 - \pi(r-\mathrm{d}r/2)]\}\mathrm{d}z\mathrm{d}t \qquad (3\text{-}27)$$

由于流动是无源的,故微元体的质量变化等于流入微元体的净质量(即流入微元体的质量减去流出微元体的质量),即:

$$\left[\rho V_r - \frac{\partial(\rho V_r)}{\partial r}\frac{\mathrm{d}r}{2}\right]\times 2\pi\left(r-\frac{\mathrm{d}r}{2}\right)\mathrm{d}z\mathrm{d}t -$$

$$\left[\rho V_r + \frac{\partial(\rho V_r)}{\partial r}\frac{\mathrm{d}r}{2}\right]\times 2\pi\left(r+\frac{\mathrm{d}r}{2}\right)\mathrm{d}z\mathrm{d}t$$

$$= \frac{\partial}{\partial t}\{\rho\varphi[\pi(r+\mathrm{d}r/2)^2 - \pi(r-\mathrm{d}r/2)]\}\mathrm{d}z\mathrm{d}t$$

整理后,得到:

$$\frac{\partial(\rho V_r)}{\partial r} + \frac{1}{r}\rho v_r = -\frac{\partial(\rho\varphi)}{\partial t} \qquad (3\text{-}28)$$

或

$$\frac{1}{r}\frac{\partial(r\rho V_r)}{\partial r} + \frac{\partial(\rho\varphi)}{\partial t} = 0 \qquad (3\text{-}29)$$

式(3-29)是一维流动(平面径向流动)的质量守恒方程。对于三维流动,质量守恒方程为:

$$\frac{1}{r}\frac{\partial(\rho V_r r)}{\partial r} + \frac{1}{r}\frac{\partial(\rho V_\theta)}{\partial \theta} + \frac{\partial(\rho V_z)}{\partial z} + \frac{\partial(\rho\varphi)}{\partial t} = 0 \qquad (3\text{-}30)$$

式(3-30)是以柱坐标表示的流体质量守恒方程。同理可以得到球坐标系下的质量守恒方程:

$$\frac{1}{r^2}\frac{\partial(\rho V_r r^2)}{\partial r}+\frac{1}{r\sin\theta}\frac{\partial(\rho V_\theta\sin\theta)}{\partial\theta}+\frac{1}{r\sin\theta}\frac{\partial(\rho V_\varphi)}{\partial\varphi}+\frac{\partial(\rho\varphi)}{\partial t}=0$$

$$(3\text{-}31)$$

直角坐标系下流体质量守恒方程为：

$$\frac{\partial(\rho V_1)}{\partial x_1}+\frac{\partial(\rho V_2)}{\partial x_2}+\frac{\partial(\rho V_3)}{\partial x_3}+\frac{\partial(\rho\varphi)}{\partial t}=0 \qquad (3\text{-}32)$$

式(3-30)、式(3-31)和式(3-32)可以合写为：

$$\nabla_{\rightarrow}\cdot(\rho\vec{V})+\frac{\partial(\rho\varphi)}{\partial t}=0 \qquad (3\text{-}33)$$

3.2.2 流体的动量守恒方程

为了讨论各向异性多孔介质的动量守恒关系，我们记多孔介质的渗透率张量为 $\overset{\leftrightarrow}{k}$，非 Darcy 流 β 因子张量为 $\overset{\leftrightarrow}{\beta}$。

对于稳态的 Darcy 流，渗流速度与压力梯度的关系为：

$$\mu\overset{\leftrightarrow}{k}^{-1}\cdot\vec{V}=-\nabla_{\rightarrow}p \qquad (3\text{-}34)$$

对于非稳态 Darcy 流，渗流速度与压力梯度的关系：

$$\rho c_a\frac{\partial\vec{V}}{\partial t}=-\nabla_{\rightarrow}p-\mu\overset{\leftrightarrow}{k}^{-1}\cdot\vec{V} \qquad (3\text{-}35)$$

对于非稳态非 Darcy 流，动量守恒方程，即：

$$\rho c_a\frac{\partial\vec{V}}{\partial t}=-\nabla_{\rightarrow}p-\mu\overset{\leftrightarrow}{k}^{-1}\cdot\vec{V}-\rho\overset{\leftrightarrow}{V\beta}\cdot\vec{V} \qquad (3\text{-}36)$$

对于各向同性介质，式(3-36)可简化为：

$$\rho c_a\frac{\partial\vec{V}}{\partial t}=-\nabla_{\rightarrow}p-\frac{\mu}{k}\vec{V}-\rho\beta\vec{V}V \qquad (3\text{-}37)$$

其中，V 为渗流速度的大小，即 $V=|\vec{V}|$。

对于一维平行渗流，式(3-37)可以简化为：

$$\rho c_a\frac{\partial V}{\partial t}=-\frac{\partial p}{\partial x}-\frac{\mu}{k}V-\rho\beta|V|V \qquad (3\text{-}38)$$

当渗流方向不变时，式(3-38)可以简化为：

$$\rho c_a \frac{\partial V}{\partial t} = -\frac{\partial p}{\partial x} - \frac{\mu}{k} V - \rho \beta V^2 \qquad (3\text{-}39)$$

人们通过各种试验获得了渗透率、非 Darcy 流 β 因子、加速度系数与孔隙度的关系,应用最广泛的是幂指数关系,即:

$$k = k_r \left(\frac{\varphi}{\varphi_r}\right) m_k \qquad (3\text{-}40)$$

$$\beta = \beta_r \left(\frac{\varphi}{\varphi_r}\right) m_\beta \qquad (3\text{-}41)$$

$$c_a = c_{ar} \left(\frac{\varphi}{\varphi_r}\right) m_a \qquad (3\text{-}42)$$

其中,φ_r 为孔隙度参考值;k_r、β_r 和 c_{ar} 分别为孔隙度参考值下渗透率、非 Darcy 流 β 因子、加速度系数;m_k、m_β 和 m_a 为无量纲的系数。

3.3　渗透率演化模型

煤在开采过程中,塑性区不断扩大,塑性区煤柱的渗透性参量与其应力-应变状态有关,但是与应变的单值对应关系已不复存在。同时,塑性区各点流动后相点位置受到流动路径的影响,故而煤柱破坏后渗透性参量还取决于煤柱塑性区中发生塑性流动的各点的流动路径。因此,国内学者更加关注煤体在塑性破坏以后的渗透率演化模型。

为了研究含水煤层塑性流动下渗透性参量的变化规律,建立一般加载路径下渗透性参量增量与应变增量的关系,在此基础上建立适用于不同加载路径和复杂应力状态的渗透性参数张量的增量与应变率分量的关系。我们介绍几种渗透率随围压变化和应变变化的渗透率模型。

3.3.1　恒定围压下渗透率模型

煤体破坏相关的渗透率模型主要分为两类,一类是应变式的渗透率模型,另一类是应力式的渗透率模型。应变式的渗透率模型大多以煤体扩容为分界点,认为在扩容点以前是弹性段,在扩容点以后煤的渗透率主要受体积应变的控制。另一类则是从应力的角度出发。应力式的渗透率模型大多以应力峰值为分界点,认为在峰值点以前均是弹性阶段,在峰值点以后煤的渗透率主要受控于体积应力。构建渗透率模型还需考虑损伤因子、塑性应变等软化参数。卢守青[106]构造了一种应力式的破坏段渗透率模型,其表达式为:

$$\frac{k}{k_0} = \begin{cases} \left(1 + \dfrac{\gamma^p}{\gamma^{p*}}\xi\right)\exp\{-C_f\Delta\sigma_1\}, 0 \leqslant \gamma^p \leqslant \gamma^{p*} \\ (1+\xi)\exp\{-C_f\Delta\sigma_1\}, \gamma^p > \gamma^{p*} \end{cases} \quad (3\text{-}43)$$

其中,C_f 为裂隙压缩系数,MPa^{-1};ξ 为渗透率骤增系数;γ^{p*} 塑性流动初始塑性等效应变。等效应变的定义为:

$$\gamma^* = \frac{\sqrt{2}}{3}\sqrt{(\varepsilon_1 - \varepsilon_2)^2 + (\varepsilon_2 - \varepsilon_3)^2 + (\varepsilon_3 - \varepsilon_1)^2}$$

众多研究结果表明,煤层是典型的孔隙、裂隙双重多孔介质。孔隙存在于煤基质中,为水的主要储集场所;裂隙主要为均匀分布的天然裂隙,又被称为割理。在煤层开挖过程中,水由煤基质渗透到裂隙系统中,煤层裂隙是水流动的主要通道。在应力作用下,裂隙会张开或闭合引起渗透系数的改变。基于煤层破坏过程中裂隙开度的变化,刘星光[107]建立了体积应变-渗透率模型,该模型的具体表达式为:

$$k = k_0 \frac{\beta(1 + \Delta b/b_0)^3}{[1 + (\Delta a + \Delta b)/(a_0 + b_0)]} \quad (3\text{-}44)$$

其中,k_0 为初始渗透率;a_0、b_0 分别为初始裂隙间距和初始裂隙开度;Δa、Δb 分别为裂隙间距改变量和裂隙开度改变量;ω 为表征单元体裂隙结构改变对裂隙面粗糙度和裂隙迂曲度比值的影响系数。可定义为:

$$\omega = \begin{cases} 1 - A_1\varepsilon_V, & \varepsilon_V \geqslant 0 \\ A_2 - B_1\mathrm{e}^{B_2\varepsilon_V}, & \varepsilon_V < 0 \end{cases} \quad (3\text{-}45)$$

其中，A_1、A_2、B_1 和 B_2 可由试验曲线拟合获得。

将式(3-45)代入式(3-44)，可得：

$$\begin{cases} k = k_0(1-A_1\varepsilon_V)\dfrac{(1+\Delta b/b_0)^3}{1+\dfrac{\Delta a+\Delta b}{a_0+b_0}}, & \varepsilon_V \geqslant 0 \\[4mm] k = k_0(A_2-B_1 e^{B_2\varepsilon_V})\dfrac{(1+\Delta b/b_0)^3}{1+\dfrac{\Delta a+\Delta b}{a_0+b_0}}, & \varepsilon_V < 0 \end{cases} \tag{3-46}$$

我们引入参数 $\zeta = \dfrac{(1+\Delta b/b_0)^3}{1+\dfrac{\Delta a+\Delta b}{a_0+b_0}}$，式(3-46)可以改写为：

$$\begin{cases} k = k_0\zeta(1-A_1\varepsilon_V), & \varepsilon_V \geqslant 0 \\ k = k_0\zeta(A_2-B_1 e^{B_2\varepsilon_V}), & \varepsilon_V < 0 \end{cases} \tag{3-47}$$

式(3-47)即为体积应变-渗透率演化模型。

3.3.2 恒定应变下渗透率模型

1954 年，尼古拉耶夫斯基提出了描述低渗透储层岩石渗透率随应力变化的指数函数公式和 Bernabe 公式。人们在实际应用中，发现上述指数函数公式和 Bernabe 公式偏差较大。秦积舜[108]提出一种表达渗透率与围压关系的二阶常系数线性非齐次微分方程：

$$\frac{\mathrm{d}^2 k}{\mathrm{d}\sigma_3^2} + A\frac{\mathrm{d}k}{\mathrm{d}\sigma_3} + Bk = y_0 \tag{3-48}$$

其中，A、B 为常数。

式(3-48)通解表达式为：

$$k = C_1\exp(\lambda_1\sigma_3) + C_2 \tag{3-49}$$

其中，系数 λ_1、C_1、C_2 可通过拟合得到。

3.4 塑性流动下岩石的渗透性质

在煤岩开采、石油天然气储存等工程中，循环加卸载经常发生。由于岩石内部存在大量的微裂纹、微孔洞、微裂隙等,细观结构十分复杂,并且各种增产措施也会使瞬时局部应力发生改变,造成岩石原有应力状态的变化,故不同循环加卸载作用下渗透性表现出明显的不同。循环加卸载作用会导致岩石的疲劳、变形等问题,从而导致岩石孔隙度和渗透率的改变。

岩石形变主要是发生在有效应力增大的初始阶段,即有效应力较小的阶段。在有效应力较低时,本体应力决定了岩芯主要发生弹性变形,在这个阶段岩石容易发生形变,有效应力的增大使岩芯喉道和微孔隙快速闭合。此时煤岩应力分量与应变分量存在一一对应关系,渗透性与应变分量也存在一一对应关系;当有效应力较大时,岩石主要处于弹塑性变形阶段,在这个阶段岩芯喉道和微孔隙几乎完全闭合,此时岩芯骨架开始发生部分不可逆形变,故渗透率变化较为缓慢;当有效应力很大时,岩石主要发生塑性变形。塑性变形阶段,结构应力起主要作用并使岩石颗粒内部产生形变,结构应力对孔隙结构造成了不可恢复的应力伤害,而导致形变急剧增大。此时的煤岩应力分量与应变分量的一一对应关系不复存在,渗透率与应变分量的一一对应关系也被打破。煤岩屈服后,应变分量不仅与应力有关,而且更依赖于加载路径。

为了研究塑性流动下煤的渗透性质,需要引入应力、应变这些中间量来关联起来。下面分析塑性流动下渗透特性的一些性质。利用三轴试验机测定围压增加时岩样的形变量以及当有效应力减少时岩样形变的恢复量,来研究岩石塑性与渗透率之间的相互影响,并且建立了渗透率与有效应力二者之间的关系。通过试验,得到渗透率随围压或有效应力变化的负指数关系。

另一方面,利用流固耦合三轴伺服渗流系统进行循环载荷情况下突出煤样渗透试验,得到渗透率随应变的变化规律。岩石在周期性循环荷载作用下,应变-渗透率曲线呈阶跃性的变化,并且在卸载过程中逐渐增大,加载过程中逐渐减小。卸载时应变-渗透率曲线和加载时应变-渗透率曲线也会围成一个封闭环,岩石在塑性流动中存在着明显的滞后效应。应变-渗透率闭环和应力-应变滞环相对应,表明渗透率的变化与煤样的变形损伤密切相关。

3.5 本章小结

本章主要介绍了多孔介质的多孔性、压缩性和渗透性以及流体的压缩性和黏性等概念,给出了岩石渗透中流体的质量守恒方程和动量守恒方程,讨论了岩石在塑性流动下的渗透性,重点介绍了岩石渗透率的演化模型。恒定围压下的第一个渗透率模型考虑了塑性等效应变的影响,并引入渗透率骤增系数来表征应力峰值前后渗透率的急剧变化。恒定围压下的第二个渗透率模型以体积应变表示渗透率,并考虑了裂隙开度和间距对渗透率的影响。恒定应变下的渗透率模型将渗透率与围压的关系用二阶常系数线性非齐次微分方程来表示,方程通解中含有 3 个常数,故能很好地拟合试验数据。

在周期性循环荷载作用下,渗透率与应力是负指数关系;应变-渗透率曲线形成一个封闭环,且与应力-应变封闭滞回环相对应。岩石在塑性流动中存在着明显的应变滞后效应,渗透率的变化与煤样的变形损伤密切相关。

4 塑性流动下煤样渗透试验

煤样变形后孔隙结构发生变化,渗透特性参量也随之变化。特别是在塑性流动状态下,煤样渗透特性参量变化更为显著。目前,实验室试验仍是研究煤样渗透性的主要手段。开展塑性流动下的渗透试验,应首先了解试验的基本原理和方法。考虑到塑性流动下煤样渗透试验的特殊性,本章专门列出一节介绍塑性流动下煤样渗透性。

4.1 塑性流动下煤样渗透性

煤样在循环载荷条件下的卸载曲线与加载曲线不相重合,形成一封闭的环,见图 4-1。应力等于 σ_A 的直线分别与加载曲线和卸载曲线相交于 A 和 A'。由于 A' 点应力与 A 点相同,但 A' 点应变并未回到 ε_A 而滞后在 ε'_A 处。这种现象称为应变滞后于应变。卸载曲线与加载曲线构成的封闭环称为应变-应力滞环,由于应

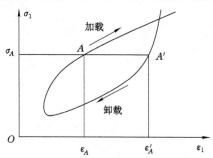

图 4-1　加卸载应变-应力示意图

变-应力滞环是由塑性流动引起的,故称"塑性滞环"。

与应力-应变图滞环相对应,煤样在循环载荷条件下的轴向应变-渗透率曲线也形成一封闭的环,见图 4-2。渗透率为 k_A 的直线分别与曲线相交于 A 和 A'。由于 A' 点渗透率与 A 点相同,但 A' 点应变并未回到 ε_A 而滞后在 ε'_A 处。因此,应变滞后于渗透率。

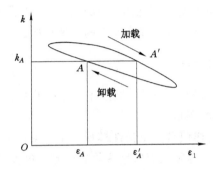

图 4-2 加卸载应变-渗透率示意图

在恒定应变下,减小围压时围压-渗透率曲线与增大围压时围压-渗透率曲线也不重合,见图 4-3,出现渗透率滞后于围压(应力)的效应。

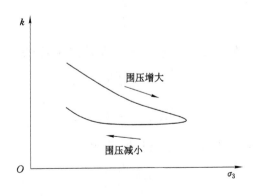

图 4-3 围压-渗透率曲线

4.2　试验原理

本节在介绍渗透试验原理之前中,介绍了常规三轴压缩试验和煤滞回试验原理。通过滞回试验,可以得到轴向应变-轴向应力滞回曲线、环向应变-轴向应力滞回曲线、环向应变-环向应力滞回曲线和体积应变-平均正应力滞回曲线。在滞回渗透的中间安插渗透试验便可完成塑性流动下的渗透试验。

4.2.1　常规三轴试验

常规三轴压缩试验的目的是测定岩石的弹性模量、Poisson比、内聚力和内摩擦角。

利用单块岩样便可测出弹性模量和 Poisson 比。为了减小离散性造成的误差,通常人们采用多块岩样测定的弹性模量和 Poisson 比的平均值作为岩石的弹性模量和 Poisson 比。

试验前测定岩样的直径 d_s 和高度 h_s,试验中控制位移速度和时间,采集轴向位移 u_a、轴向载荷 P。在试验数据文件中读出破坏时的轴向载荷 P_b,岩样的抗压强度表达式为:

$$\sigma_C = \frac{P_b}{\frac{\pi}{4}d_s^2} \tag{4-1}$$

在常规三轴压缩试验中,$\sigma_2 = \sigma_3$,故应力应变关系为:

$$\begin{cases} \varepsilon_1 = \dfrac{1+\nu}{E}\sigma_1 - \dfrac{\nu}{E}(\sigma_1 + 2\sigma_3) \\ \varepsilon_3 = \dfrac{1+\nu}{E}\sigma_3 - \dfrac{\nu}{E}(\sigma_1 + 2\sigma_3) \end{cases} \tag{4-2}$$

在加载过程中,围压 σ_3 保持恒定,故有:

$$E = \frac{d\sigma_1}{d\varepsilon_1} \tag{4-3}$$

因此,ε_1-σ_1 曲线上近似直线段的斜率就是弹性模量。

由式(4-2)容易导出

$$E(\varepsilon_1 - \varepsilon_3) = (1 + \nu)(\sigma_1 - \sigma_3)$$

或

$$\nu = E\frac{\varepsilon_1 - \varepsilon_3}{\sigma_1 - \sigma_3} - 1 \tag{4-4}$$

在弹性模量已知的条件下,根据式(4-4)便可求出 Poisson 比。

测定岩石的内聚力和内摩擦角需要多组岩样,每组岩样的数量为 5~10 块,围压相同。

岩样破坏服从 Mohr-Coulomb 准则,即破坏时轴向应力 σ_1 与围压 σ_3 之间满足:

$$\sigma_1 = \frac{2C\cos\varPhi}{1 - \sin\varPhi} + \sigma_3\tan^2\frac{\pi + \varPhi}{2}$$

其中,C 为内聚力;$\varPhi$ 为内摩擦角。

以 $\left(\dfrac{\sigma_1 + \sigma_3}{2}, 0\right)$ 为圆心,以 $\dfrac{\sigma_1 - \sigma_3}{2}$ 为半径画出应力 Mohr 圆,数学表达式为:

$$\left(\sigma - \frac{\sigma_1 + \sigma_3}{2}\right)^2 + \tau^2 = \left(\frac{\sigma_1 - \sigma_3}{2}\right)^2 \tag{4-5}$$

对每组施加不同的围压 σ_3,分别求出每组 σ_1 的平均值,可以在同一直角坐标系中得到不同的应力 Mohr 圆。画出这些 Mohr 圆的公切线(图 4-4),即可得到内聚力和内摩擦角。

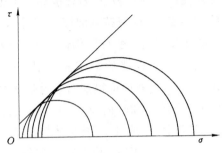

图 4-4　应力 Mohr 圆

式(4-4)可改写为：

$$\sigma_1 = K_2 + K_1\sigma_3 \tag{4-6}$$

其中，$K_1 = \dfrac{2C\cos\Phi}{1-\sin\Phi}$，$K_2 = \tan^2\dfrac{\pi+\Phi}{2}$。内聚力和内摩擦角可以根据 K_1 和 K_2 反求出来，即：

$$\Phi = 2\arctan\sqrt{K_2} - \pi, \quad C = \dfrac{1-\sin\Phi}{2\cos\Phi}K_1 \tag{4-7}$$

4.2.2 塑性流动下煤的滞回试验

本书进行两种滞回试验，分别为恒定围压下的滞回试验和恒定轴向应变下的滞回试验。

在恒定围压下的滞回试验中，围压保持恒定，在峰后某点 A^* 保持轴向应力不变。记点 A^* 的轴向应力为 σ_1^*，轴向应变和环向应变分别为 ε_1^* 和 ε_3^*。σ_1^* 可取峰值应力的 90%。轴向应力保持 $2\sim10$ min 后转入塑性滞回试验。首先将轴向载荷减小到 2 kN，然后将轴向应变增到 ε_1^{**}（$\varepsilon_1^{**} > \varepsilon_1^*$），试验中可取 $\varepsilon_1^{**} = \varepsilon_1^* + 0.001$。这样便可得到两条封闭曲线，分别为轴向应力-轴向应变闭环和轴向应力-环向应变滞环。此外，我们通过计算还可以得到体积应变-平均应力滞环。

在恒定轴向应变的滞回试验中，岩样破坏前围压保持恒定，当轴向应力到达峰后某点 A^* 时保持轴向应变 ε_1^* 恒定。点 A^* 的围压记为 σ_3^*，轴向应变和环向应变分别仍记为 ε_1^* 和 ε_3^*。轴向应变保持 $2\sim10$ min 后转入塑性滞后性试验。围压先由 σ_3^* 增大到 σ_3^{**}，再由 σ_3^{**} 降到 σ_3^*。这样便可得到两条封闭曲线，分别为围压（径向应力）-环向应变闭环和轴向应力-环向应变滞环。此外，我们通过计算还可以得到体积应变-平均应力滞环。

图 4-5 给出了一种典型应力-应变滞回曲线。为了描述煤的滞后性，定义如下参量：

（1）左右点连线的斜率

在图 4-5 中，最右点 A 的坐标为（X_1，Y_1），最左点的坐标为（X_2，Y_2），因此，左右点连线的斜率为：

$$K_h = \frac{Y_1 - Y_2}{X_1 - X_2} \tag{4-8}$$

（2）滞环宽长比

在图 4-5 中，滞环的长度为 l，宽度为 d，故滞环宽长比为：

$$\eta = \frac{d}{l} \tag{4-9}$$

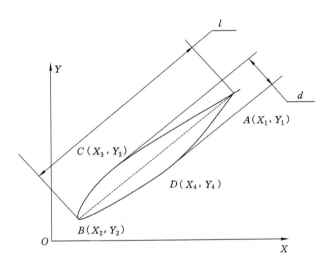

图 4-5　典型的应力-应变滞环

（3）轴向应力峰值比

众所周知，磁滞回线和电滞回线是重复的，即每一循环下的滞环完全重合。但是应力应变滞回不重合，因此需要考虑各个闭环之间的位置和大小的差异。在岩土工程中混凝土等材料的滞回模型包括两个方面，即骨架曲线和滞回规则。为了掌握骨架曲线的概念，我们给出了含有 3 个滞环的应力应变曲线，见图 4-6。根据

图 4-6，我们引入应力应变滞回曲线的第 3 个几何特征参量——轴向应力峰值比。

轴向应力峰值比定义为两个相邻滞环轴向应力峰值之比的几何平均值。将各个滞环的轴向应力峰值依次记作 σ_1^{I}、σ_1^{II} 和 σ_1^{III}，则轴向应力峰值比为：

$$\zeta_{\sigma} = \sqrt{\frac{\sigma_1^{II}}{\sigma_1^{I}} \cdot \frac{\sigma_1^{III}}{\sigma_1^{II}}} = \sqrt{\frac{\sigma_1^{III}}{\sigma_1^{I}}} \tag{4-10}$$

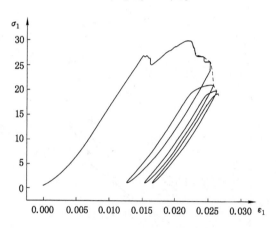

图 4-6　含有 3 个闭环的轴向应力-轴向应变曲线

左右点连线的斜率反映了煤样在卸载过程中塑性应变的大小，斜率越大塑性应变越大。滞环宽长比反映了滞后强弱，滞环宽长比越小滞后性越弱。特别是，当宽长比为零时，滞环消失，卸载曲线与加载曲线完全重合。轴向应力峰值比反映了煤的应变软化程度，轴向应力峰值比越大，软化趋势越明显。

4.2.3　塑性流动下的渗透试验

室内测定岩样渗透性的方法[109]有两类：稳态渗透法和瞬态渗透法。稳态法是在给定压力梯度下测定渗流速度的稳态值，根据压力梯度与渗流速度散点图的曲线拟合得到岩石的渗透特性参量,该方法适合于渗透率较高的岩样(如破碎岩样和峰后/破裂岩样)的渗透率测试。瞬态法是采集一段时间内岩样两端的孔隙压差序列,在此基础上分别构造出压力梯度时间序列、压力梯度变化率时间序列、渗流速度时间序列、渗流速度变化率(当地加速度)时间序列。基于这 4 个时间序列计算岩石非稳态渗流的渗透特性参量。瞬态法的优点是利用一块岩样可以得到不同应变下的渗透特性,试验周期短、费用低,适合于岩样全应力-应变过程中的渗透特性测试,也适应于塑性流动下岩样渗透性能参量的测试。瞬态法渗透试验的力学模型见图 4-7。

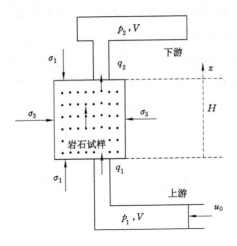

图 4-7 渗透试验力学模型

煤岩渗透特性参量采用瞬态法测试,其原理见图 4-8。

图 4-8　瞬态渗透试验系统原理

图 4-8 中两个水箱体积均为 B，压力分别为 p_1 和 p_2，岩样的高度和横截面积分别为 H 和 A。初始时刻岩样两端压力分别为 p_{10} 和 $p_{20}(p_{10} > p_{20})$，岩样轴向方向的压力梯度为 $\dfrac{p_{20} - p_{10}}{H}$。在渗透过程中，水箱 1 中的液体通过岩样进入水箱 2，这样水箱 1 的压力不断降低，而水箱 2 的压力不断增大，压力梯度 $\dfrac{p_2 - p_1}{H}$ 逐渐减小，直到两水箱的压力相等，达到平衡状态，见图 4-9。设水箱 1 进入岩样的液体的质量流量为 q，如果岩样的孔隙水是饱和的，则由岩样进入水箱 2 的液体的质量流量也是 q，岩样中渗流速度为 $V = \dfrac{q}{\rho A}$。水具有可压缩性，压缩系数为：

$$\frac{1}{c_f} = \rho \frac{\mathrm{d}p_1}{\mathrm{d}\rho} \tag{4-11}$$

式中，c_f 为水的压缩系数，ρ 为水的密度，利用关系 $\mathrm{d}\rho = \dfrac{-q\mathrm{d}t}{B}$ 和

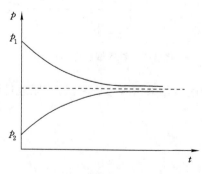

图 4-9　水箱压力变化曲线

$q = \rho A V$,得到:

$$\frac{\mathrm{d}p_1}{\mathrm{d}t} = -\frac{AV}{c_f B} \tag{4-12}$$

同理有:

$$\frac{\mathrm{d}p_2}{\mathrm{d}t} = \frac{AV}{c_f B} \tag{4-13}$$

由式(4-12)和式(4-13)可以得到:

$$V = \frac{c_f B}{2A} \frac{\mathrm{d}(p_1 - p_2)}{\mathrm{d}t} \tag{4-14}$$

根据 Darcy 定律,有:

$$V = -\frac{k}{\mu} \frac{p_2 - p_1}{H} \tag{4-15}$$

将式(4-15)代入式(4-14),得到:

$$\frac{\mathrm{d}(p_1 - p_2)}{p_1 - p_2} = -2 \frac{Ak}{c_f BH\mu} \mathrm{d}t \tag{4-16}$$

试验中按等间隔 τ 采样,采样的总次数为 n,采样终了时刻 $t_f = n\tau$ 水箱压力分别为 p_{1f} 和 p_{2f},对式(4-16)进行积分,得到:

$$k = \frac{c_f BH\mu}{2t_f A} \ln \frac{p_{10} - p_{20}}{p_{1f} - p_{2f}} \tag{4-17}$$

在含有应力应变滞环的塑性流动试验中,安插 N 点 $A_1, A_2,$ $A_3, \cdots, A_M, \cdots, A_N$ 进行渗透试验,其中 A_M 为反向点。图 4-10 给出了恒定围压下渗透测试点的安插方案,图 4-11 给出了恒定轴向应变条件下渗透测试点的安插方案。

在恒定围压下渗透试验中,将点 $A_1, A_2, A_3, \cdots, A_M, \cdots, A_N$ 的轴向应变、体积应变与渗透率记录在表格中,然后分别画出轴向应变-渗透率滞回曲线和体积应变-渗透率滞回曲线。

在恒定轴向应变下渗透试验中,将点 $A_1, A_2, A_3, \cdots, A_M, \cdots,$ A_N 的围压与渗透率记录在表格中,然后画出围压-渗透率滞回曲线。

图 4-11 给出了一种典型的围压-渗透率滞回曲线。为了刻画轴向应变对围压-渗透率滞回曲线的影响,我们引入两个参数:围

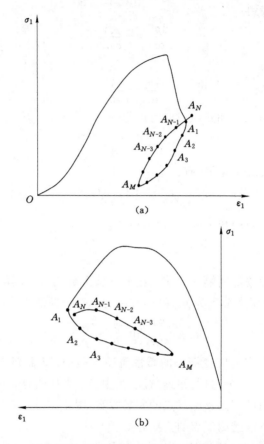

图 4-10　恒定围压下塑性流动试验中渗透测试点的安插方案

(a) ε_3-σ_1 滞回曲线；(b) ε_3-σ_3 滞回曲线

压影响系数和渗透率恢复系数。围压影响系数定义式为：

$$r_1^{(i)} = 1\ 014 \cdot \frac{k_b^{(i)} - k_r^{(i)}}{\sigma_3^{(i)} - \sigma_3^{b}}, \quad (i=1,2,3,4) \qquad (4\text{-}18)$$

其中，σ_3^i 为第 i 次循环开始时刻的围压；$\sigma_3^{(i)}$ 为第 $(2i-1)$ 个反向点的围压；$k_b^{(i)}$ 为第 i 次循环开始时刻的渗透率；$k_r^{(i)}$ 为第 $(2i-1)$ 个

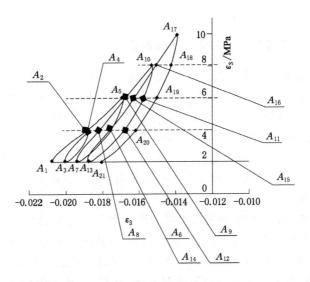

图 4-11　恒定轴向应变下塑性流动试验中渗透测试点的安插方案

反向点的渗透率。

渗透率恢复系数的定义式为

$$r_2^{(i)} = \frac{k_e^{(i)}}{k_b^{(i)}}, \quad (i=1,2,3,4) \tag{4-19}$$

其中，$k_e^{(i)}$ 为第 i 次循环终了时刻的渗透率，$i=1,2,3,4$。

4.3　试验系统

为了完成塑性流动下煤的滞后性试验和渗透试验，需要高精度的试验设备。为了消除渗透对煤塑性流动的影响，我们在塑性流动下的渗透试验之外单独进行了煤塑性流动试验。因此，我们选用了两套试验系统。煤的滞后性试验在 MTS815.02 型电伺服试验机上进行。塑性流动下的渗透试验系统由 MTS816、围压系统、渗透回路和渗透仪组成。下面分别介绍这两套试验系统的组成、功能和操作方法。

4.3.1 塑性流动下的滞后试验系统

三轴试验所采用的加载装置为美国的 MTS815.02 型岩石力学测试系统。MTS815.02 电液伺服岩石试验系统能够提供的最大轴向载荷为 1 700 kN,最大围压为 50 MPa。该系统的主要优点有:① 测试精度高、性能稳定;② 可采用力、位移、轴向应变或横向应变等控制方式,并且可以进行高低速数据采集;③ 可以进行单轴压缩试验、三轴压缩试验、循环加卸载试验和渗透试验。

MTS815 型电伺服试验机的硬件部分主要由加载机架、16 位全数字型伺服系统控制箱、液压油泵、三轴压力室、围压系统、温度控制、输出打印设备所组成,见图 4-12(a)。系统配有轴压、围压、孔隙压力 3 套独立的闭环控制系统,具有 16 通道数据采集、伺服反馈信号,全程计算机跟踪控制的功能,其轴向载荷由安装在试验

(a)   (b)

图 4-12　MTS815 岩石力学试验系统及其配套的引伸计

(a) MTS815 岩石力学试验系统;(b) 引伸计

系统上的荷重计测得,轴向应变和环向应变由图 4-12(b)中所示的轴向引伸计和环向链条附件测得,试验机通过全数字系统管理控制软件来实现对整个系统的控制和管理,在试验过程中可实时绘制轴向应力-应变、轴向应力-环形位移和加载方式-时间曲线,可以进行高、低速数据采集,自动存储数据和结果,试验结束后在 Excel 和 MTS 菜单中可进行数据处理与分析,并计算出岩石力学参数和轴向应力与轴向应变、横向应变、体积应变全过程曲线。

4.3.2　塑性流动下的渗透试验系统

渗透试验系统由轴向加载系统(MTS816)、围压系统、渗透回路和渗透仪组成(图 4-13)。主要功能包括:① 对岩样施加轴向载荷;② 对岩样施加围压;③ 在岩样上、下两个端面施加孔隙压力(渗透压力)。下面简单介绍各个子系统。

(1) MTS816 轴向加载系统

MTS816 电液伺服岩石试验系统对岩样施加轴向载荷并记录轴向位移和轴向载荷。MTS816 电液伺服岩石试验系统主要特点有:① 能够伺服控制轴向位移和力,并且伺服阀反应敏捷(290 Hz),试验精度高;② 全程计算机控制,可对复杂加载路径进行程序控制,并实现自动数据采集及处理;③ 荷重架刚度为 1.05×10^{10} N/m,可实现刚性压缩试验;④ 与试样直接接触的引伸仪可对岩石屈服前后的应力应变进行最精确的测量。

(2) 渗透仪

岩样封闭在渗透仪中,见图 4-14。

图 4-13　渗透仪与 MTS816.02 岩石力学试验系统的连接

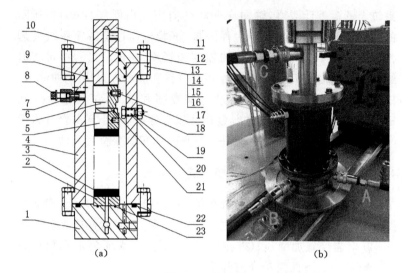

图 4-14　渗透仪

1——底板；2——下压头；3——透水板；4——缸筒；5——上压头凹面；

6——上压头凸面；7——放气针塞本体；8——放气针塞针塞；

9——O 形橡胶密封圈；10——O 形橡胶密封圈；11——活塞；12——盖板；

13——螺栓；14——螺母；15——平垫圈；16——弹簧垫圈；

17——螺钉；18——螺母；19——销轴；20——O 形橡胶密封圈；

21——O 形橡胶密封圈；22——O 形橡胶密封圈；23——O 形橡胶密封圈

渗透仪由底板、下压头、透水板、缸筒、上压头、放气针塞、活塞、盖板等组成，见图 4-14(a)。岩样与缸筒之间留有空腔，围压系统通过接口 A 向该空腔注入液压油，对岩样施加围压（径向压力），见图 4-14(b)。渗透仪接口 B、C 分别与渗透回路中的水箱 1 和 2 连通，在岩样两端施加孔隙水压。水箱 1 中的水从接口 B 经过底板、下压头和透水板进入岩样孔隙中，并经由另一透水板、上压头和活塞从接口 C 流出到水箱 2 中。缸筒与底板、盖板用螺纹紧固件连接。缸筒与盖板之间、缸筒与底板、盖板与活塞之间采用 O 形橡胶密封圈实现密封。为了岩样受力均匀，上压头采用球面接触的结构。围压腔中空气利用针塞排放。

为了测量岩样径向位移,设计了一种弓形传感器。弓形传感器与静态应变仪的连线由销轴的中心孔引出,见图 4-15。静态应变仪见图 4-16。

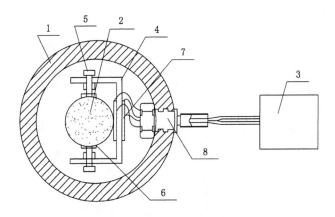

图 4-15　径向位移测量原理图

1——三轴室缸筒;2——岩样;3——静态电阻应变仪;4——径向位移传感器支架;

5——紧固螺栓;6——夹紧片;7——应变片;8——销轴

图 4-16　静态应变仪

（3）围压回路

围压回路由变量柱塞泵、换向阀、单向节流阀、溢流阀等组成，见图 4-17。变量柱塞泵见图 4-18。

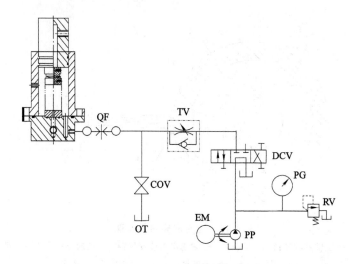

图 4-17　围压回路

图 4-18　变量柱塞泵

换向阀(DCV)的阀芯机能为 M 型。渗透前,将阀芯置于左位,液压油由柱塞泵经过换向阀、单向节流阀(由单向阀和节流阀构成的复合阀)进入空腔。转动节流阀(TV)的手轮可以调节流量,转动溢流阀(RV)的手轮可以调节围压的大小。渗透中,围压保持恒定。渗透结束后,将溢流阀置于中位时,此时液压油由柱塞泵直接流回油箱(OT)。拆卸岩样时,打开截止阀(COV)并将溢流阀置于右位,围压腔中的液压油经过单向阀和截止阀流回油箱。

（4）渗透回路

渗透回路由水箱、电动试压泵、手摇泵、单向阀、截止阀、压力表、压力变送器等组成,见图 4-19。为了便于移动,水箱、手摇泵、单向阀、截止阀、压力表、压力变送器安装在一辆专制的平板车上,见图 4-20。

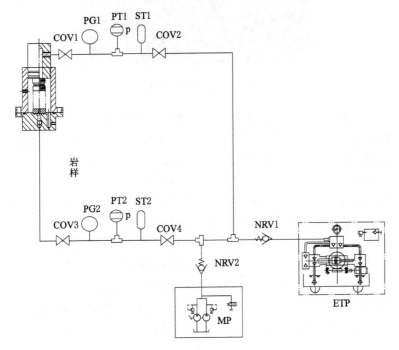

图 4-19　渗透回路原理图

图 4-20　渗透回路实物图

在渗透回路中,水箱 ST1 和 ST2 的容积是决定渗透率测量范围的指标。渗透前,首先将水箱 ST1 和 ST2 的压力分别施加到 p_{10} 和 p_{20},具体过程为:首先打开截止阀 COV1、COV2、COV3 和 COV4,开启电动试压泵 ETP,使整个回路压力稳定到 p_{20},然后关闭 COV3 和 COV4;利用手摇试压泵 MP 对管路加压,当水箱 1 的压力稳定到 p_{10} 时,停止手摇泵并关闭截止阀 COV2。渗透时,将截止阀 COV1 和 COV3 同时打开,并记录两水箱的压力。渗透后,同时打开截止阀 COV1、COV2、COV3 和 COV4。

通过信号线把压力传感器(图 4-21)连接到无纸记录仪(图 4-22)上,实现数据的采集。通过专用数据线和软件,把无纸记录仪采集到的信号传输到电脑中,以便于数据的后续处理。

图 4-21　压力传感器

图 4-22　无纸记录仪

4.4 试验方法

根据试验原理结合设备功能与构造,分别对常规三轴试验、塑性流动下煤的滞回性试验和塑性流动下渗透试验的方法进行简单介绍。

4.4.1 常规三轴试验和滞后试验

三轴试验采用直径 $\phi50$ mm×100 mm 的圆柱形试件,按现场实际的应力测量结果确定围压等级,分别在不同(恒定的)围压下进行试验。煤样常规三轴试验步骤如下:

(1)用热缩塑料膜和电工胶带将煤样、上压头和下压头密封。

(2)将煤样放入 MTS815.02 的三轴室内,并将环向引伸计卡在煤样上。

(3)开动 MTS815.02 泵站,给煤样一定的轴向载荷后将三轴室与底座用螺纹紧固件连接。

(4)打开围压系统中截止阀 S2、S3 和 S6,关闭截止阀 S1、S4和 S5,用气泵向三轴室注油,见图 4-23。当三轴室压力达到 0.1 MPa 时关闭气源。

(5)在 TestStar IIm 软件中 MPT793.60 模块的界面上先后点击围压系统的低压启动按钮和高压启动按钮。这样便开动了围压系统。

(6)打开围压系统中截止阀 S5,关闭截止阀 S2、S3 和 S6,向增压器充油。

(7)打开围压系统中截止阀 S6,关闭截止阀 S5,利用增压器向煤样施加围压。

(8)保持围压恒定,施加轴向载荷使煤样轴向位移达到设定值(此位移对应着煤应力峰值后的 90%)。

(9)按照流程图进行滞后试验。

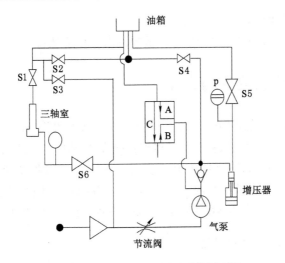

图 4-23　MTS815.02 围压系统原理图

4.4.2　塑性流动下渗透试验

在滞后试验中选择若干状态进行渗透率测试。试验步骤如下：

（1）用热缩塑料膜和电工胶带将煤样、上压头和下压头密封。

（2）将煤样放入渗透仪内，并将径向引伸计固定在煤样上。

（3）当径向引伸计与静态应变仪连接后，将渗透仪安放在 MTS816 岩石力学试验系统的底座上。

（4）利用 MTS816 岩石力学试验系统向煤样施加轴向载荷 1 kN。

（5）按图 4-23，将渗透仪的 A、B、C 口分别连接到围压回路和渗透回路。

（7）启动静态应变仪和无纸记录仪，预热 10 min。

（6）启动围压系统的柱塞泵，将换向阀阀芯置于左位并通过手轮调节溢流阀的出口压力，观察压力表读数或无纸记录仪显示屏上围压读数，当渗透仪中油压（即煤样的围压）达到设定值时停止手轮的转动。

（8）按照 §4.3.2 中第（4）条的要求进行渗透率测量。

4.5　试验流程与方案

本书主要包含两个试验：一个是塑性流动下的滞回试验；一个是塑性流动下的渗透试验。为了得到轴向应变-轴向应力滞回曲线、轴向应变-环向应力滞回曲线、环向应变-轴向应力滞回曲线、环向应变-环向应力滞回曲线以及轴向应变-渗透率滞回曲线、体积应变-渗透率滞回曲线和围压-渗透率滞回曲线，需要合理设计试验流程与方案。

4.5.1　试样的采集与加工

试验主要目的是认识含水煤层塑性流动下渗透性参量的变化规律。样本来自小纪汗煤矿和邻近矿区的隆德煤矿，小纪汗煤矿存在特殊的地质构造，即煤层为主含水层。岩样名义尺寸为 $\phi 50$ mm×100 mm，根据《岩石物理力学性质试验规程》（DZ/T 0276）的要求，两个端面的平整度的误差小于 0.02 mm。图 4-24 给出了煤样钻削设备，图 4-25 和图 4-26 给出了部分煤样的照片。

(a)　　　　　　　　　　(b)

图 4-24　煤样加工设备

（a）钻样机；（b）煤块

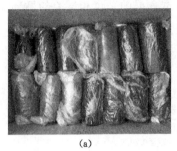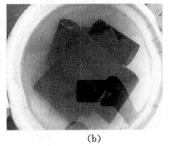

（a）　　　　　　　　　　　（b）

图 4-25　小纪汗煤样

（a）未浸水煤样；（b）浸水煤样

图 4-26　隆德煤样

对加工完成的试件进行严格筛选，首先剔除表面有明显破损及可见裂纹的试件，然后剔除尺寸及平整度不符合要求的试件，对筛选后的试件进行编号。由于小纪汗煤层为主含水层，为了其水分不流失，转运过程用保鲜膜包裹，加工好的岩样一直用水浸泡。

4.5.2　试验测试流程与方案

塑性流动下煤样渗透试验主要包括以下环节：试样安装、试验

· 65 ·

系统连接、试验系统压力设定、渗透数据的采集和试验的循环加卸载。试验流程见图 4-27。

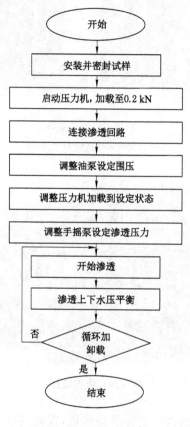

图 4-27　试验流程

　　常规三轴压缩试验方案如下：

　　围压分别为 2.0 MPa、4.0 MPa、6.0 MPa 和 8.0 MPa，每级围岩下样本数量为 5。测定煤的三轴抗压强度 σ_1^*，σ_1^* 对应的轴向应变 ε_1^*、环向应变 ε_3^*，考察 σ_1 与 σ_3 满足 C-M 准则还是满足 D-P 准则，在此基础上建立塑性势函数。

恒定围压下的煤样滞回试验方案如下：

围压分为 4 级,分别为 2.0 MPa、4.0 MPa、6.0 MPa 和 8.0 MPa。每块岩样加载至峰后状态 A^*($\sigma_1 = 0.9\sigma_1^*$, $\varepsilon_1 = \varepsilon_1^*$)后围压保持不变,然后按图 4-28 进行循环加载。在图 4-28 中,u_a 表示轴向位移,u_a^0 为状态点 A^* 对应的轴向位移。每级围压下煤样数量为 5 块。

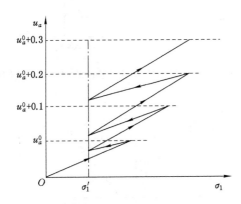

图 4-28 恒定围压下滞回试验加、卸载示意图

恒定轴向应变下煤样滞回试验具体方案如下：

轴向应变分为 5 级,每级轴向应变下滞回试验的煤样数量为 5 块,循环 4 次,分别为 2.0 MPa→4.0 MPa→2.0MPa、2.0 MPa→6.0 MPa→2.0 MPa、2.0 MPa→8.0 MPa→2.0 MPa 和 2.0 MPa→10.0 MPa→2.0 MPa,见图 4-29。各级轴向应变根据实际情况确定。

恒定围压下的煤样渗透试验方案如下：

围压分为 4 级,分别为 2.0MPa、4.0 MPa、6.0 MPa 和 8.0 MPa。每块岩样加载至峰后状态 A($\sigma_1 = 0.9\sigma_1^*$, $\varepsilon_1 = \varepsilon_1^*$)后围压保持不变,然后按图 4-30 所示的路径进行渗透试验。

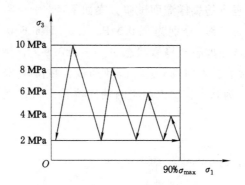

图 4-29 恒定轴向应变下滞回试验加、卸载示意图

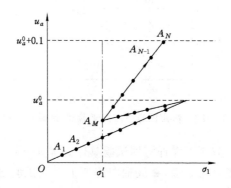

图 4-30 恒定围压下渗透试验加、卸载示意图

恒定轴向应变下煤样渗透试验方案如下：

轴向应变分为 5 级，每级轴向应变下煤样数量为 1 块，循环 4 次，分别为 2.0 MPa→4.0 MPa→2.0 MPa、2.0 MPa→6.0 MPa→2.0 MPa、2.0 MPa→8.0 MPa→2.0 MPa 和 2.0 MPa→10.0 MPa →2.0 MPa，见图 4-31。各级轴向应变根据实际情况确定。

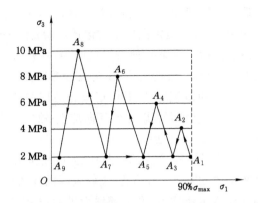

图 4-31　恒定轴向应变下渗透试验加、卸载示意图

4.6　本章小结

本章介绍了塑性流动下煤样渗透试验的原理与方法,主要内容如下：

（1）为了研究小纪汗含水煤层的渗透性,有必要开展塑性流动下煤样渗透试验。考虑到塑性流动下煤样滞回试验是渗透试验的基础,而煤样常规三轴压缩试验又是塑性流动下煤样滞回试验的基础。因此,本章共介绍了三种试验的原理与方法。

（2）为了描述煤的滞后性,定义了刻画煤样滞后性的参量,分别为左右点连线的斜率、滞环宽长比和轴向应力峰值比。

（3）在恒定围压和恒定应变两种渗透试验中,采用瞬态法测试煤的渗透特性参量。在瞬态法中,不直接测量渗流速度,而是根据水箱中质量变化来计算渗流速度。

（4）煤样塑性流动（滞回）试验与常规三轴压缩试验的不同之处在于加载路径。在三轴压缩试验中,围压保持恒定而轴向应变单调增大直至煤样破坏。在煤样塑性流动试验中,当轴向应力达到峰后某点后开始卸载和重新加载,并且循环不止一次。煤样滞回试验分为两种:一种是恒定围压下的渗透试验;另一种是恒定轴向应变下的渗透试验。在第一种滞回试验中,在每级围压下可得到三种滞回曲线,分别为轴向应变-轴向应力滞回曲线、环向应变-轴向应力滞回曲线和体积应变-平均正应力滞回曲线。在第二种试验中,在每级轴向应变下可以得到环向应变-轴向应力滞回曲线和环向应变-环向应力滞回曲线。

(5)塑性流动下煤样渗透试验与应力-应变全程的渗透试验不同之处也在于加载路径。在应力-应变全程的渗透试验,围压保持恒定而轴向应变单调增大,在单调增大轴向位移(应变)的过程中选择若干点进行渗透率测试。在塑性流动下煤样渗透试验中,当轴向应力达到峰后某点后开始卸载和重新加载,在加卸载的过程中选择若干点测试煤样的渗透率。塑性流动下煤样渗透试验分为两种:一种是恒定围压下的渗透试验;另一种是恒定轴向应变下的渗透试验。在第一种试验中,在每级围压下可得到两种滞回曲线,分别为轴向应变-渗透率滞回曲线和体积应变-渗透率滞回曲线。在第二种试验中,在每级轴向应变下可以得到围压-渗透率滞回曲线。

5 塑性流动下渗透率的变化规律分析

本章根据第 4 章介绍的试验方法进行小纪汗和隆德煤矿煤样的三轴压缩试验、塑性流动(滞回)试验和渗透试验。主要目的和任务包括：① 通过常规三轴压缩试验，测定煤样的内聚力、内摩擦角；② 通过恒定围压下的塑性流动试验，得到轴向应变-轴向应力滞回曲线、环向应变-轴向应力滞回曲线和体积应变-平均正应力滞回曲线及其几何特征参量；③ 通过恒定轴向应变下的塑性流动试验，得到环向应变-轴向应力滞回曲线和环向应变-环向应力滞回曲线及其几何特征参量；④ 通过塑性流动下煤样渗透试验，得到恒定围压下轴向应变-渗透率滞回曲线、体积应变-渗透率滞回曲线和恒定轴向应变下围压-渗透率滞回曲线。

5.1 常规三轴压缩试验

本部分内容完成了小纪汗煤矿和隆德煤矿煤样的三轴压缩试验，围压分别为 0.0 MPa、2.0 MPa、4.0 MPa、6.0 MPa 和 8.0 MPa，每级围压下煤样数量均为 5。煤样编号由三部分组成：第一部分为大写字母"X"或"L"，X 表示样本来自小纪汗煤矿，L 表示样本来自隆德煤矿；第二部分表示围压水平，0 表示围压等于零，2 表示围压等于 2.0 MPa，……；第三部分表示序号，用数字 1～5，表示。如 X-24 表示煤样来自小纪汗煤矿、围压等于 2.0 MPa，序号为 4；L-62 表示煤样来自隆德煤矿，围压等于 6.0 MPa，序号为 2。带有编号信息的煤样照片见图 5-1，试验后部分煤样的照片见图 5-2。

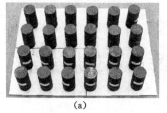

(a)　　　　　　　　　　　　(b)

图 5-1　试验前标准试样

(a) 小纪汗煤样；(b) 隆德煤样

(a)　　　　　　　　　　　　(b)

图 5-2　破坏后试样

(a) 小纪汗煤样；(b) 隆德煤样

小纪汗煤矿的煤样常规三轴压缩试验结果见表 5-1。通过线性回归，得到式(4-6)中参数 K_1 和 K_2，即 $K_1 = 31.2$ MPa，$K_2 = 5.12$。根据式(4-7)，可以计算出内摩擦角和内聚力，即 $\Phi = 0.739$ rad $= 42.3°$，$C = 6.89$ MPa。各级围压下的极限 Mohr 圆及其包络线见图 5-3。

表 5-1　　　　　　　　　小纪汗三轴试验结果

岩样编号	直径/mm	高度/mm	围压/MPa	抗压强度/MPa	平均抗压强度/MPa	内摩擦角/(°)	内聚力/MPa
X-01	50.1	100.1		32.531			
X-02	50.2	100.3		26.04			
X-03	49.9	99.3	0	29.33	28.59	6.89	42.3
X-04	49.9	99.5		27.35			
X-05	49.3	99.9		27.699			

岩样编号	直径/mm	高度/mm	围压/MPa	抗压强度/MPa	平均抗压强度/MPa	内摩擦角/(°)	内聚力/MPa
X-21	50.2	99.8		22.24			
X-22	50.0	99.9		34.91			
X-23	49.9	100.0	2	52.93	43.92		
X-24	50.3	100.9		54.42			
X-25	50.2	100.3		55.1			
X-41	51.0	100.0		57.53			
X-42	50.0	99.2		46.82			
X-43	51.0	99.9	4	48.31	52.17		
X-44	50.3	99.1		55.69			
X-45	50.3	101.7		52.5		6.89	42.3
X-61	49.9	100.3		58.95			
X-62	49.9	98.6		55.76			
X-63	50.4	101.2	6	68.51	63.73		
X-64	50.2	100		68.12			
X-65	50.0	99.3		67.31			
X-81	49.9	99.8		73.75			
X-82	50.4	101.3		64.04			
X-83	50.3	100.8	8	68.21	69.89		
X-84	50.0	100.0		73.25			
X-85	50.1	99.2		70.2			

　　隆德煤矿的煤样常规三轴压缩试验结果见表 5-2。通过线性回归，得到式（4-6）中参数 K_1 和 K_2，即 $K_1 = 34.7$ MPa，$K_2 = 5.32$。根据式（4-7），可以计算出内摩擦角和内聚力，即 $\Phi = 0.753$ rad $= 43.1°$，$C = 7.52$ MPa。各级围压下的极限 Mohr 圆及其包络线见图 5-4。

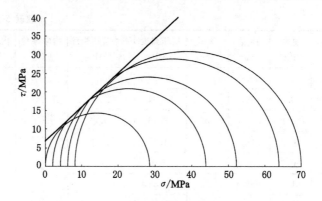

图 5-3　小纪汗煤样极限 Mohr 圆

表 5-2　　　　　　　　　隆德煤样三轴试验结果

岩样编号	直径/mm	高度/mm	围压/MPa	抗压强度/MPa	平均抗压强度/MPa	内摩擦角/(°)	内聚力/MPa
L-01	50.2	100.4		26.69			
L-02	50.0	100.4		30.49			
L-03	50.2	100.6	0	27.24	29.29		
L-04	50.2	100.4		33.71			
L-05	100.1	50.4		28.32			
L-21	100.7	50.1		43.53			
L-22	100.3	50		54.92			
L-23	101.4	50.1	2	46.69	49.225	7.52	43.1
L-24	100.2	50.4		53.68			
L-25	101.5	50.4		47.305			
L-41	50.4	101.3		60.91			
L-42	49.5	101.6		58.93			
L-43	49.4	98.4	4	56.34	59.92		
L-44	49.4	101.6		66.87			
L-45	49.1	98.3		56.55			

岩样编号	直径/mm	高度/mm	围压/MPa	抗压强度/MPa	平均抗压强度/MPa	内摩擦角/(°)	内聚力/MPa
L-61	49.3	101.3		67.38			
L-62	49.5	101		69.83			
L-63	49.8	101.8	6	61.23	68.605		
L-64	49.4	100.7		78.44			
L-65	49.1	101.2		66.145		7.52	43.1
L-81	49.3	101.5		72.8			
L-82	49.3	100.5		62.64			
L-83	49.3	101.8	8	69.44	72.8		
L-84	49.3	101.1		79.36			
L-85	50.1	99.2		79.76			

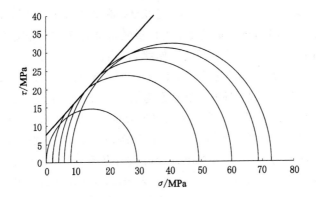

图 5-4　隆德煤样极限 Mohr 圆

由表 5-1 和表 5-2 可以看出，小纪汗煤样的内聚力和内摩擦角都小于隆德矿煤样。

5.2 塑性流动下的滞回试验

本部分内容完成了小纪汗煤样在围压分别为 2.0 MPa、4.0 MPa、6.0 MPa 和 8.0 MPa 以及轴向应变分别为 1.77％、1.89％、1.93％、2.08％和 2.36％下的塑性流动试验。煤样编号由三部分组成:编号规则为:第一部分为大写字母"X",X 表示样本来自小纪汗煤矿;第二部分表示塑性流动条件,用 Ⅰ 或 Ⅱ 分别表示围压恒定和轴向应变恒定;第三部分表示围压水平或应变水平。例如 X-Ⅰ-4 表示煤样来自小纪汗煤矿,塑性流动中围压恒定,围压为 4.0 MPa;X-Ⅱ-177 表示自小纪汗煤矿,塑性流动中轴向应变恒定,轴向应变为 1.77％。

5.2.1 恒定围压下塑性流动试验

煤样 X-Ⅰ-2、X-Ⅰ-4、X-Ⅰ-6 和 X-Ⅰ-8 分别在 2.0 MPa、4.0 MPa 和 8.0 MPa 的恒定围压下进行塑性流动试验,加卸载循环为 3 次。煤样 X-Ⅰ-2 第 1 次循环的起始状态为 $\sigma_1 = 19.9$ MPa,$\varepsilon_1 = 2.27 \times 10^{-2}$,第 3 次循环的终了状态为 $\sigma_1 = 16.1$ MPa,$\varepsilon_1 = 2.40 \times 10^{-2}$;煤样 X-Ⅰ-4 第 1 次循环的起始状态为 $\sigma_1 = 21.27$ MPa,$\varepsilon_1 = 0.022\ 1$,第 3 次循环的终了状态为 $\sigma_1 = 19.99$ MPa,$\varepsilon_1 = 0.024\ 1$;煤样 X-Ⅰ-6 第 1 次循环的起始状态为 $\sigma_1 = 37.81$ MPa,$\varepsilon_1 = 0.028\ 9$,第 3 次循环的终了状态为 $\sigma_1 = 33.36$ MPa,$\varepsilon_1 = 0.031$;煤样 X-Ⅰ-8 第 1 次循环的起始状态为 $\sigma_1 = 59.61$ MPa,$\varepsilon_1 = 0.024\ 9$,第 3 次循环的终了状态为 $\sigma_1 = 57.078$ MPa,$\varepsilon_1 = 0.026$。不同围压下的轴向应变-应力滞回曲线见图 5-5。

由图 5-5 可以看出,在恒定围压下煤样轴向应变-轴向应力滞回曲线和骨架曲线具有如下特征。

(1) 骨架曲线在峰值处陡降,此后逐渐变缓。

(2) 第 1 个滞环左端尖锐右端丰满,第 2 个和第 3 个滞环的

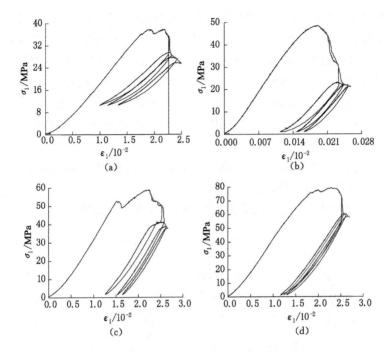

图 5-5 不同围压下轴向应变-轴向应力滞回曲线

（a）煤样 X-Ⅰ-2；（b）煤样 X-Ⅰ-4；（c）煤样 X-Ⅰ-6；（d）煤样 X-Ⅰ-8

左右端都尖锐并成近似凸镜形。

（3）在围压等于 2.0 MPa 条件下，塑性滞环左右点连线的斜率小于峰前曲线的斜率。随着围压的增大，滞环左右点连线的斜率逐渐接近于峰前曲线的斜率。

（4）从第 2 个滞回环开始，面积逐个减小。滞回环所包围的面积代表一个应力循环所消耗的能量，能力消耗的主要原因是矿物颗粒之间的摩擦发热损耗以及原有微裂纹的扩展和新裂纹的产生。滞回环面积的逐个缩小意味着消耗的能量逐个减小。

煤样 X-I-2 第 1 次循环的起始状态为 $\sigma_3 = 2.0$ MPa，$\varepsilon_3 = -3.23 \times 10^{-2}$，第 3 次循环的终了状态为 $\sigma_3 = 2.0$ MPa，$\varepsilon_3 = -3.48 \times 10^{-2}$；

煤样 X-I-4 第 1 次循环的起始状态为 $\sigma_3 = 2.0$ MPa，$\varepsilon_3 = -0.041$，第 3 次循环的终了状态为 $\sigma_3 = 4.0$ MPa，$\varepsilon_3 = -0.039$；煤样 X-I-6 第 1 次循环的起始状态为 $\sigma_3 = 2.0$ MPa，$\varepsilon_3 = -0.023$，第 3 次循环的终了状态为 $\sigma_3 = 6.0$ MPa，$\varepsilon_3 = -0.0242$；煤样 X-I-8 第 1 次循环的起始状态为 $\sigma_3 = 2.0$ MPa，$\varepsilon_3 = -0.022$，第 3 次循环的终了状态为，$\sigma_3 = 8.0$ MPa，$\varepsilon_3 = -0.021$。不同围压下的环向应变-轴向应力滞回曲线见图 5-6。

由图 5-6 可以看出，在恒定围压下煤样环向应变-轴向应力滞回曲线具有如下特征。

（1）第 1 个滞环左端尖锐右端丰满，第 2 个和第 3 个滞环的

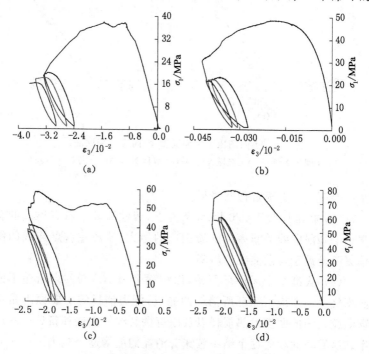

图 5-6　不同围压下环向应变-轴向应力滞回曲线
（a）煤样 X-I-2;（b）煤样 X-I-4;（c）煤样 X-I-6;（d）煤样 X-I-8

左右端都尖锐并成近似凸镜形。

（2）滞环左右点连线的斜率接近于峰前曲线的斜率。

（3）从第 2 个滞回环开始,面积逐个减小。

（4）在围压等于 2.0 MPa 和 6.0 MPa 的条件下,3 个滞回依次向左移动。在围压等于 4.0 MPa 和 8.0 MPa 条件下,第 2 个和第 3 个滞环被第 1 个滞环包围。

由于体积应变-平均应力的初始和终了状态很相近,不予赘述。不同围压下的体积应变-平均应力滞回曲线见图 5-7。

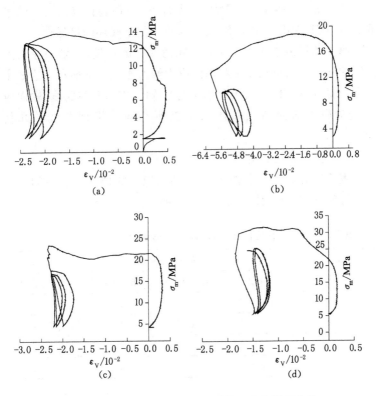

图 5-7　不同围压下体积应变-平均正应力滞回曲线
(a) 煤样 X-I-2;(b) 煤样 X-I-4;(c) 煤样 X-I-6;(d) 煤样 X-I-8

由图 5-7 可以看出,在恒定围压下煤样体积应变-平均正应力滞回曲线具有如下特征。

(1) 在每级围压,3 个滞环依次向左移动,并有部分重叠;第 1 个滞环的面积明显大于第 1 个和第 2 个滞环;第 2 个和第 3 个滞环的面积、斜率和形状基本相同。

(2) 在围压等于 2.0 MPa、6.0 MPa 和 8.0 MPa 的条件下,3 个滞环具有"下端尖锐,上端丰满"的共同特征;在围压等于 4.0 MPa 条件下,上端和下端都丰满。

(3) 在围压等于 8.0 MPa 的条件下,滞环起止点在滞环的最低点,而在其他围压水平下,滞环起止点处于滞环的最低点。

第 4 章提出了描述滞回曲线几何特征的参量,分别为左右点连线的斜率 K_h、宽长比 η 和轴向应力峰值比 ζ_σ。下面利用这 3 个参量定量分析在恒定围压下轴向应变-轴向应力滞回曲线、轴向应变-径向应力滞回曲线和体积应变-平均应力滞回曲线的几何特征。

(1) 左右点连线斜率 K_h

表 5-3 给出了 3 个轴向应变-轴向应力滞回左右点连的线斜率及峰前轴向应变-轴向应力曲线的斜率。

表 5-3　　　　恒定围压下 ε_1-σ_1 滞回曲线的斜率

围压/MPa	左右点连线斜率/GPa			
	峰前	第 1 个滞环	第 2 个滞环	第 3 个滞环
2.0	2.14	1.57	1.44	1.43
4.0	2.32	1.87	1.85	1.74
6.0	2.56	2.31	2.30	2.16
8.0	3.05	2.85	2.82	2.74

由表 5-3 可以看出,当围压由 2.0 MPa 增大到 8.0 MPa 时,峰前轴向应变-轴向应力曲线的斜率由 2.14 GPa 增大到 3.05

GPa,第 1 个滞环左右点连线斜率由 1.57 GPa 增大到 2.85 GPa,第 2 个滞环左右点连线斜率由 1.44 GPa 增大到 2.82 GPa,第 3 个滞环左右点连线斜率由 1.43 GPa 增大到 2.74 GPa。为了便于观察循环次数对滞环左右点连线斜率的影响,根据表 5-3 绘出不同围压下左右点连线斜率随循环次数变化的曲线,见图 5-8。

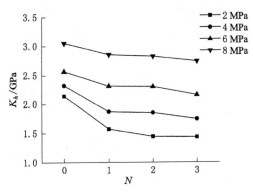

图 5-8 不同围压下 ε_1-σ_1 滞环斜率曲线

由图 5-8 可以看出,左右点连线斜率 K_h 随着循环次数的增加而减小,并且 3 个滞环左右点斜率都小于峰前轴向应变-轴向应力曲线的斜率。

表 5-4 给出了 3 个环向应变-轴向应力滞回左右点连线的斜率及峰前轴向应变-轴向应力曲线的斜率。

表 5-4   不同围压下 ε_3-σ_1 曲线各滞回环的斜率

围压 /MPa	左右点连线斜率/GPa			
	峰前	第 1 个滞环	第 2 个滞环	第 3 个滞环
2.0	4.67	2.56	2.47	2.14
4.0	6.38	3.84	3.15	2.58
6.0	7.85	6.98	6.32	5.85
8.0	8.82	8.65	8.57	8.37

由表 5-4 可以看出,当围压由 2.0 MPa 增大到 8.0 MPa 时,峰前轴向应变-轴向应力曲线的斜率由 4.67 GPa 增大到 8.82 GPa,第 1 个滞环左右点连线斜率由 2.56 GPa 增大到 8.65 GPa,第 2 个滞环左右点连线斜率由 2.47 GPa 增大到 8.57 GPa,第 3 个滞环左右点连线斜率由 2.14 GPa 增大到 8.37 GPa。为了便于观察循环次数对滞环左右点连线斜率的影响,根据表 5-4 绘出不同围压下左右点连线斜率随循环次数变化的曲线,见图 5-9。

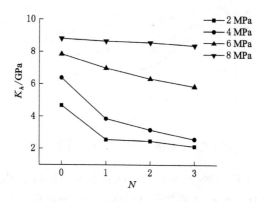

图 5-9　不同围压下 ε_3-σ_1 滞环斜率曲线

由图 5-9 可以看出,左右点连线斜率 K_h 随着循环次数的增加而减小,并且 3 个滞环左右点斜率都小于峰前轴向应变-轴向应力曲线的斜率。

基于上述分析,得出两点结论:

① 在同一围压下,轴向应变-轴向应力滞回曲线和环向应变-轴向应力滞回曲线 3 个滞环左右点连线的斜率均小于峰前曲线的斜率,并且随着加卸载次数的增多,斜率的绝对值依次减小。根据 §4.2 可判定,随着加载次数的增加,煤样滞环塑性应变增量在减小。

② 在同一加载次数下,滞环的斜率随围压的增大而增大,根

据§4.2可以判定,煤样滞环中塑性应变增量随围压的增大而增大。

（2）宽长比 η

表5-5给出了3个轴向应变-轴向应力滞回曲线的宽长比。

表 5-5　　　不同围压下 ε_1-σ_1 曲线各滞回环的宽长比

围压 /MPa	宽长比 η		
	第 1 个滞环	第 2 个滞环	第 3 个滞环
2.0	0.049	0.041	0.034
4.0	0.063	0.061	0.048
6.0	0.069	0.068	0.064
8.0	0.087	0.084	0.070

由表5-5可以看出,当围压由 2.0 MPa 增大到 8.0 MPa 时,第1个滞环的宽长比由 0.049 增大到 0.087,第2个滞环的宽长比由 0.041 增大到 0.084,第3个滞环的宽长由 0.034 增大到 0.070。为了便于观察循环次数对滞环宽长比的影响,根据表 5-5 绘出不同围压下宽长比随循环次数变化的曲线,见图 5-10。

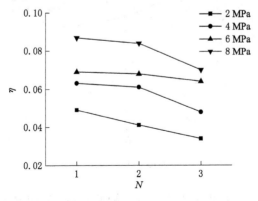

图 5-10　不同围压下 ε_1-σ_1 滞环宽长比曲线

由图 5-10 可以看出，宽长比 η 随着循环次数的增加而减小。表 5-6 给出了 3 个环向应变-轴向应力滞回曲线的宽长比。

表 5-6 　　　　　　　不同围压下 ε_3-σ_1 宽长比

围压 /MPa	宽长比 η		
	第 1 个滞环	第 2 个滞环	第 3 个滞环
2.0	0.096	0.07	0.041
4.0	0.13	0.075	0.053
6.0	0.14	0.11	0.090
8.0	0.14	0.12	0.11

由表 5-6 可以看出，当围压由 2.0 MPa 增大到 8.0 MPa 时，第 1 个滞环的宽长比由 0.096 增大到 0.14，第 2 个滞环的宽长比由 0.07 增大到 0.12，第 3 个滞环的宽长由 0.041 增大到 0.11。为了便于观察循环次数对滞环宽长比的影响，根据表 5-6 绘出不同围压下宽长比随循环次数变化的曲线，见图 5-11。

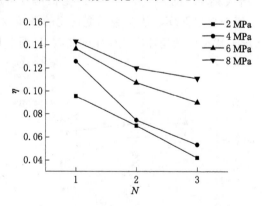

图 5-11　不同围压下 ε_3-σ_1 宽长比曲线

由图 5-11 可以看出，宽长比 η 随着循环次数的增加而减小。表 5-7 给出了 3 个体积应变-平均应力滞回曲线的宽长比。

表 5-7   不同围压下 ε_V-σ_m 曲线各滞回环的宽长比

围压 /MPa	宽长比 η		
	第 1 个滞环	第 2 个滞环	第 3 个滞环
2.0	0.074	0.05	0.018
4.0	0.096	0.055	0.035
6.0	0.14	0.078	0.066
8.0	0.15	0.13	0.12

由表 5-7 可以看出,当围压由 2.0 MPa 增大到 8.0 MPa 时,第 1 个滞环的宽长比由 0.074 增大到 0.15,第 2 个滞环的宽长比由 0.05 增大到 0.13,第 3 个滞环的宽长由 0.018 增大到 0.12。为了便于观察循环次数对滞环宽长比的影响,根据表 5-7 绘出不同围压下宽长比随循环次数变化的曲线,见图 5-12。

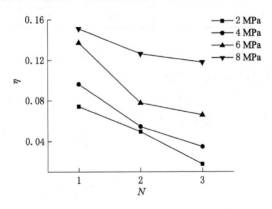

图 5-12   不同围压下 ε_V-σ_m 宽长比曲线

由图 5-12 可以看出,宽长比 η 随着循环次数的增加而减小。

基于上述分析,得出两点结论:

① 同一围压下,轴向应变-轴向应力滞回曲线、环向应变-轴向应力滞回曲线和体积应变-平均应力滞回曲线 3 个滞环的宽长比随着加卸载次数的增多在减小。根据 §4.2 可判定,随着加载次

数的增加,滞后性在减小。另一方面,宽长比在一定程度上可以反映滞环的面积,说明煤样随着加卸载次数的增多,滞环的面积在减小,塑性得到减弱。

② 同一加载次数下,滞环的宽长比随围压的增大而增大,说明煤样的滞后性随围压的增大在增强。滞环面积随着围压的增大在增大,即随着围压的增加,煤样的变形越来越大,在这个循环加、卸载过程中,有更多的能量提供给新裂纹,塑性得到增强。

(3) 轴向应力峰值比 ζ_σ

表 5-8 给出了不同围压下轴向应变-轴向应力滞回曲线的轴向应力峰值比。

表 5-8　　　不同围压下 ε_1-σ_1 曲线的应力峰值比

围压/MPa	2	4	6	8
轴向应力峰值比 ζ_σ	0.98	0.95	0.94	0.91

由表 5-8 可以看出,当围压由 2.0 MPa 增大到 8.0 MPa 时,轴向应力峰值比由 0.98 减小到 0.91。

为了便于观察围压对轴向应力峰值比的影响,根据表 5-8 绘出轴向应力峰值比随围压变化的曲线,见图 5-13。

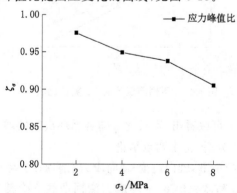

图 5-13　不同围压下轴向应力峰值比曲线

由图 5-13 可知,随着围压的增大,应力峰值比在减小,间隔变密,应力得到了强化。这可解释为,随着围压的增大煤的塑性得到增强。另外,轴向应力峰值比反映了煤的软化程度,即随着围压的增大煤的软化效应越明显。

5.2.2　恒定轴向应变下塑性流动试验

煤样 X-Ⅱ-177 在 1.77％的恒定应变下进行塑性流动试验,加卸载循环为 4 次。第 1 次循环的起始状态为 $\sigma_1 = 35.29$ MPa,$\varepsilon_1 = 1.77\%$,$\sigma_3 = 2.0$ MPa,$\varepsilon_3 = -0.009\,4$,第 4 次循环的终了状态为 $\sigma_1 = 33.92$ MPa,$\varepsilon_1 = 1.77\%$,$\sigma_3 = 2.0$ MPa,$\varepsilon_3 = -0.008\,49$。环向应变-轴向应力滞回曲线见图 5-14,环向应变-环向应力滞回曲线见图 5-15。

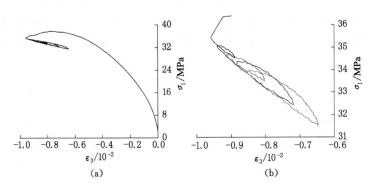

图 5-14　煤样 X-Ⅱ-177 轴向应变-轴向应力滞回曲线

(a) 轴向应变-轴向应力全滞回曲线;(b) 峰后滞环放大图

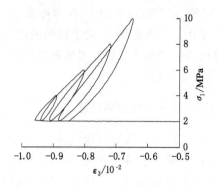

图 5-15　煤样 X-Ⅱ-177 环向应变-环向应力滞回曲线

　　煤样 X-Ⅱ-189 在 1.89% 的恒定应变下进行塑性流动试验，加卸载循环为 3 次。第 1 次循环的起始状态为 $\sigma_1 = 35.49$ MPa，$\varepsilon_1 = 1.89\%$，$\sigma_3 = 2.0$ MPa，$\varepsilon_3 = -0.013\,9$，第 4 次循环的终了状态为 $\sigma_1 =$ MPa，$\varepsilon_1 = 1.89\%$，$\sigma_3 = 2.0$ MPa，$\varepsilon_3 = 38.21$。环向应变-轴向应力滞回曲线见图 5-16，环向应变-环向应力滞回曲线见图 5-17。

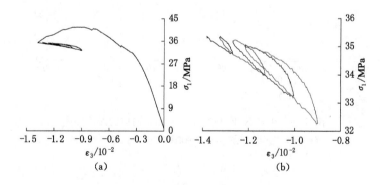

图 5-16　煤样 X-Ⅱ-189 轴向应变-轴向应力滞回曲线

（a）轴向应变-轴向应力全滞回曲线；（b）峰后滞环放大图

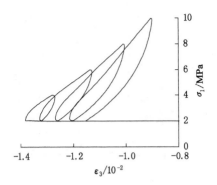

图 5-17 煤样 X-Ⅱ-189 环向应变-环向应力滞回曲线

煤样 X-Ⅱ-193 在 1.93% 的恒定应变下进行塑性流动试验，加卸载循环为 3 次。第 1 次循环的起始状态为 $\sigma_1 = 31.06$ MPa，$\varepsilon_1 = 1.93\%$，$\sigma_3 = 2.0$ MPa，$\varepsilon_3 = -0.026\ 1$，第 4 次循环的终了状态为 $\sigma_1 = 30.76$ MPa，$\varepsilon_1 = 1.93\%$，$\sigma_3 = 2.0$ MPa，$\varepsilon_3 = -0.023\ 76$。环向应变-轴向应力滞回曲线见图 5-18，环向应变-环向应力滞回曲线见图 5-19。

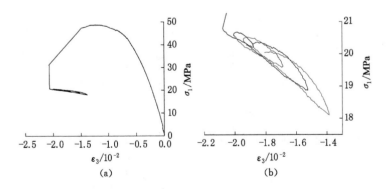

图 5-18 煤样 X-Ⅱ-193 轴向应变-轴向应力滞回曲线

(a) 轴向应变-轴向应力全滞回曲线；(b) 峰后滞环放大图

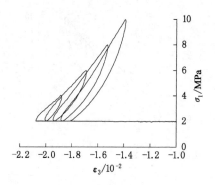

图 5-19　煤样 X-Ⅱ-193 环向应变-环向应力滞回曲线

煤样 X-Ⅱ-208 在 2.08% 的恒定应变下进行塑性流动试验，加卸载循环为 3 次。第 1 次循环的起始状态为 $\sigma_1 = 35.347$ MPa，$\varepsilon_1 = 2.08\%$，$\sigma_3 = 2.0$ MPa，$\varepsilon_3 = -0.013$，第 4 次循环的终了状态为 $\sigma_1 = 34.84$ MPa，$\varepsilon_1 = 2.08\%$，$\sigma_3 = 2.0$ MPa，$\varepsilon_3 = -0.011\ 5$。环向应变-轴向应力滞回曲线见图 5-20，环向应变-环向应力滞回曲线见图 5-21。

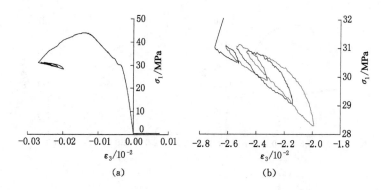

(a)　　　　　　　　　(b)

图 5-20　煤样 X-Ⅱ-208 轴向应变-轴向应力滞回曲线

（a）轴向应变-轴向应力全滞回曲线；（b）峰后滞环放大图

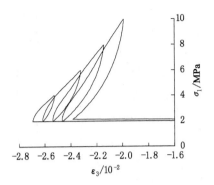

图 5-21　煤样 X-Ⅱ-208 环向应变-环向应力滞回曲线

煤样 X-Ⅱ-236 在 2.36％的恒定应变下进行塑性流动试验，加卸载循环为 3 次。第 1 次循环的起始状态为 $\sigma_1 = 19.15$ MPa，$\varepsilon_1 = 2.36\%$，$\sigma_3 = 2.0$ MPa，$\varepsilon_3 = -0.028\,6$，第 4 次循环的终了状态为 $\sigma_1 = 18.99$ MPa，$\varepsilon_1 = 2.36\%$，$\sigma_3 = 2.0$ MPa，$\varepsilon_3 = -0.025\,8$。环向应变-轴向应力滞回曲线见图 5-22，环向应变-环向应力滞回曲线见图 5-23。

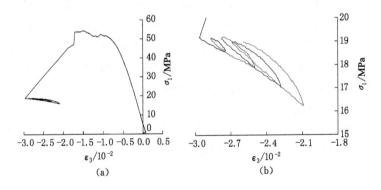

图 5-22　煤样 X-Ⅱ-236 轴向应变-轴向应力滞回曲线
（a）轴向应变-轴向应力全滞回曲线；（b）峰后滞环放大图

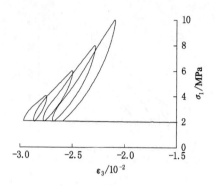

图 5-23　煤样 X-Ⅱ-236 环向应变-环向应力滞回曲线

由图 5-14、图 5-16、图 5-18、图 5-20 和图 5-22 可以看出,在恒定轴向应变下煤样环向应变-轴向应力滞回曲线具有如下特征:

在轴向应变为 1.77% 时,围压卸载时的环向应变能回到加载前的位置,由此形成滞环。在另外 4 个较大轴向应变下,由于环向应变滞后于轴向应力的效应,环向应变回不到初始位置,曲线的顶端不能闭合。

由图 5-15、图 5-17、图 5-19、图 5-21 和图 5-23 可以看出,在恒定轴向应变下煤样环向应变-环向应力滞回曲线具有如下特征:

在每级轴向应变下,围压卸载到初始值时,由于环向应变滞后于环向应力的效应,环向应变回不到初始值,因此环向应变-环向应力的加卸载曲线不形成闭合的滞环。

（1）左右点连线斜率 K

表 5-9 给出了 4 个环向应变-轴向应力滞环左右点连线斜率及峰前轴向应变-轴向应力曲线的斜率。

表 5-9   **不同轴向应变下 ε_3-σ_1 滞回曲线的斜率**

轴向应变 /%	左右点连线斜率/GPa				
	峰前	第 1 个滞环	第 2 个滞环	第 3 个滞环	第 4 个滞环
1.77	3.83	0.28	0.34	0.41	0.46
1.89	4.42	0.43	0.49	0.52	0.56
1.93	5.29	0.49	0.59	0.64	0.71
2.08	8.61	0.74	0.87	0.86	1.03
2.36	9.29	1.01	1.04	1.14	1.22

    由表 5-9 可以看出,当轴向应变由 1.77% 增大到 2.36% 时,峰前轴向应变-轴向应力曲线的斜率由 3.83 GPa 增大到 9.29 GPa,第 1 个滞环左右点连线斜率由 0.28 GPa 增大到 1.01 GPa,第 2 个滞环左右点连线斜率由 0.34 GPa 增大到 1.04 GPa,第 3 个滞环左右点连线斜率由 0.41 GPa 增大到 1.14 GPa,第 4 个滞环左右点连线斜率由 0.46 GPa 增大到 1.22 GPa。为了便于观察围压对滞环左右点连线斜率的影响,根据表 5-9 绘出不同轴向应变下左右点连线斜率随围压变化的曲线,见图 5-24。

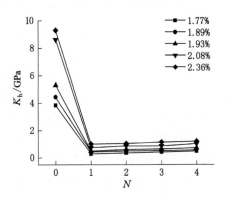

图 5-24   不同轴向应变下 ε_3-σ_1 左右点连线斜率曲线

由图 5-24 可以看出,左右点连线斜率 K_h 随着围压的增加而增大,并且 3 个滞环左右点斜率都小于峰前轴向应变-轴向应力曲线的斜率。

表 5-10 给出了 4 个环向应变-环向应力滞环左右点连线斜率。

表 5-10   不同轴向应变下 ε_3-σ_3 曲线左右点连线的斜率

轴向应变 /%	左右点连线斜率/GPa			
	第 1 个滞环	第 2 个滞环	第 3 个滞环	第 4 个滞环
1.77	1.22	1.29	1.38	1.48
1.89	1.29	1.42	1.61	1.78
1.93	1.63	1.53	1.71	1.84
2.08	2.65	2.52	2.66	2.87
2.36	3.43	3.39	3.42	3.66

由表 5-10 可以看出,当轴向应变由 1.77% 增大到 2.36% 时,第 1 个滞环左右点连线斜率由 1.22 GPa 增大到 3.43 GPa,第 2 个滞环左右点连线斜率由 1.29 GPa 增大到 3.39 GPa,第 3 个滞环左右点连线斜率由 1.38 GPa 增大到 3.42 GPa,第 4 个滞环左右点连线斜率由 1.48 GPa 增大到 3.66 GPa。为了便于观察围压对滞环左右点连线斜率的影响,根据表 5-10 绘出不同轴向应变下左右点连线斜率随围压变化的曲线,见图 5-25。

由图 5-25 可以看出,左右点连线斜率 K_h 随着围压的增加而增大。

基于上述分析,得出两点结论:

① 在同一轴向应变下,环向应变-轴向应力滞回曲线和环向

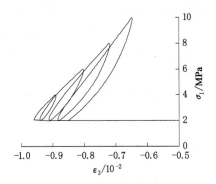

图 5-25　不同轴向应变下 ε_3-σ_3 各滞回环斜率曲线

应变-环向应力滞回曲线 4 个滞环左右点连线斜率的绝对值均随着围压的增大而增大,环向应变-轴向应力滞回曲线滞环斜率的绝对值均小于峰前曲线的斜率。根据 §4.2 可判定,随着围压的增加,滞环塑性应变增量在增大。

② 在同一围压下,滞环斜率的绝对值随轴向应变的增大而增大。根据 §4.2 可以判定,煤样滞环中塑性应变增量随轴向应变的增大而增大。

（2）宽长比 η

表 5-11 给出了 4 个环向应变-轴向应力滞环的宽长比。

表 5-11　　　不同围压下 ε_3-σ_1 滞回曲线的宽长比

轴向应变 /%	宽长比 η			
	第 1 个滞环	第 2 个滞环	第 3 个滞环	第 4 个滞环
1.77	0.14	0.18	0.20	0.22
1.89	0.20	0.25	0.26	0.26
1.93	0.22	0.26	0.26	0.28
2.08	0.24	0.27	0.34	0.40
2.36	0.28	0.33	0.37	0.46

由表 5-11 可以看出,当轴向应变由 1.77％增大到 2.36％时,第 1 个滞环的宽长比由 0.14 增大到 0.28,第 2 个滞环的宽长比由 0.18 增大到 0.33,第 3 个滞环的宽长由 0.20 增大到 0.37,第 4 个滞环由 0.22 增大到 0.46。为了便于观察围压对滞环宽长比的影响,根据表 5-11 绘出不同轴向应变下宽长比随围压变化的曲线,见图 5-26。

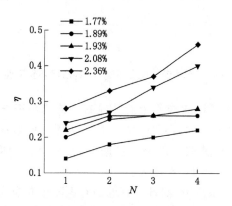

图 5-26　不同轴向应变下 ε_3-σ_1 各滞回环宽长比曲线

由图 5-26 可以看出,宽长比 η 随着围压的增加而减小。

表 5-12 给出了 4 个环向应变-环向应力滞环的宽长比。

表 5-12　　不同轴向应变下 ε_3-σ_3 各滞回环的宽长比

轴向应变 /%	宽长比 η			
	第 1 个滞环	第 2 个滞环	第 3 个滞环	第 4 个滞环
1.77	0.08	0.11	0.14	0.15
1.89	0.084	0.12	0.14	0.17
1.93	0.089	0.13	0.16	0.18
2.08	0.11	0.14	0.17	0.19
2.36	0.13	0.15	0.18	0.21

由表 5-12 可以看出,当轴向应变由 1.77％增大到 2.36％时,第 1 个滞环的宽长比由 0.08 增大到 0.13,第 2 个滞环的宽长比由 0.11 增大到 0.15,第 3 个滞环的宽长由 0.14 增大到 0.18,第 4 个滞环由 0.15 增大到 0.21。为了便于观察围压对滞环宽长比的影响,根据表 5-12 绘出不同恒定轴向应变下宽长比随围压变化的曲线,见图 5-27。

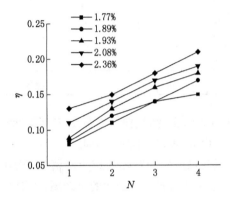

图 5-27　不同轴向应变下 ε_3-σ_3 各滞回环宽长比曲线

由图 5-27 可以看出,宽长比 η 随着围压的增加而减小。

基于上述分析,得出两点结论:

① 在同一轴向应变下,滞环的宽长比随着围压的增大在增大。根据 §4.2 可判定,随着围压的增加,煤样的滞后性在增强。另一方面,宽长比在一定程度上可以反映滞环的面积,说明煤样随着围压的增大,滞环的面积在增大,塑性得到增强。

② 在同一围压下,滞环的宽长比随轴向应变的增大而增大,说明煤样的滞后性随轴向应变的增大在增强。滞环面积随着轴向应变的增大在增大,即随着轴向应变的增加,煤样的变形越来越大,在这个循环加、卸载过程中,有更多的能量提供给新裂纹使其产生,塑性得到增强。

（3）轴向应力峰值比 ζ。

　　表 5-13 给出了不同轴向应变下环向应变-轴向应力滞回曲线的轴向应力峰值比。

表 5-13　　不同轴向应变下 ε_3-σ_1 各滞环的应力峰值比

轴向应变/％	轴向应力峰值比 ζ_σ
1.77	0.996
1.89	0.995
1.93	0.993
2.08	0.987
2.36	0.984

　　由表 5-13 可以看出，当轴向应变由 1.77％增大到 2.36％时，轴向应力峰值比由 0.996 减小到 0.984。

　　为了便于观察轴向应变对轴向应力峰值比的影响，根据表 5-13 绘出轴向应力峰值比随围压变化的折线图，见图 5-28。

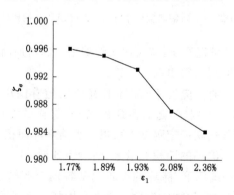

图 5-28　不同轴向应变下 ε_3-σ_1 各滞环的应力峰值比曲线

　　随着轴向应变的增大，轴向应力峰值比在减小，间隔变密，说明随着轴向应变的增大，塑性得到增强。

5.3 塑性流动下的渗透试验

完成了小纪汗煤样和隆德煤样在围压分别为 2.0 MPa、4.0 MPa、6.0 MPa 和 8.0 MPa 以及轴向应变分别为 2.29%、2.35%、2.46%、2.50% 和 2.54% 下的塑性流动渗透试验。煤样编号由四部分组成,编号规则为:第一部分为大写字母"X"或"L",X 表示样本来自小纪汗煤矿,L 表示样本来自隆德煤矿;第二部分为大写字母"S",表示渗透试验;第三部分表示塑性流动条件,用 Ⅰ 或 Ⅱ 分别表示围压恒定和轴向应变恒定;第四部分表示围压水平或应变水平。例如 X-S-Ⅰ-4 表示煤样来自小纪汗煤矿,塑性流动中围压恒定,围压水平为 4.0 MPa;L-S-Ⅱ-229 表示煤样来自隆德煤矿,塑性流动中轴向应变恒定,轴向应变水平为 2.29% 下。恒定围压下每个状态点的渗透率及应力应变值见附录 A1;恒定应变下每个状态点的渗透率及应力值见附录 A2。

5.3.1 恒定围压下的渗透率

煤样 X-S-Ⅰ-2 和 L-S-Ⅰ-2 在 2.0 MPa 的恒定围压下进行塑性流动渗透试验,加卸载循环为 1 次。轴向应变-渗透率滞回曲线见图 5-29。

由图 5-29 (a) 可见,在 2.0 MPa 围压下,小纪汗煤样 X-S-Ⅰ-2 峰前的渗透率总体上呈先降后升的趋势,在 $\varepsilon_1 = 0.008$ 处,渗透率达到最小值 $k = 8.77 \times 10^{-15}$;在 $\varepsilon_1 = 0.022$ 处,渗透率达到最大值 $k = 1.08 \times 10^{-13}$。在卸载过程中,渗透率随着轴向应变的减小而增大;在加载过程中,渗透率随着轴向应变的增大而减小。卸载过程轴向应变-渗透率曲线与加载过程轴向应变-渗透率曲线不重合,并成近似椭圆形封闭曲线(滞环)。

由图 5-29(b)可见,在 2.0 MPa 围压下,隆德煤样 L-S-Ⅰ-2 渗透率总体趋势与煤样 X-S-Ⅰ-2 相同,但渗透率普遍低于煤样

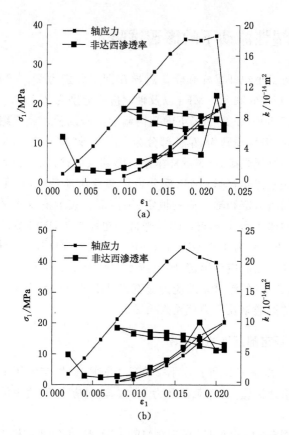

图 5-29　围压为 2.0 MPa 时轴向应变-渗透率滞回曲线

(a) 煤样 X-S-Ⅰ-2;(b) 煤样 L-S-Ⅰ-2

X-S-Ⅰ-2的渗透率。在 $\varepsilon_1 = 0.006$ 处,渗透率达到最小值 $k = 6.79 \times 10^{-15}$,在 $\varepsilon_1 = 0.018$ 处,渗透率达到最大值 $k = 9.83 \times 10^{-14}$。隆德煤样 L-S-Ⅰ-2 轴向应变-渗透率滞回曲线成近似椭圆形,但面积明显小于小纪汗煤样 X-S-Ⅰ-2。

煤样 X-S-Ⅰ-4 和 L-S-Ⅰ-4 在 4.0 MPa 的恒定围压下进行塑性流动渗透试验,加卸载循环为 1 次。试验结果见图 5-30。

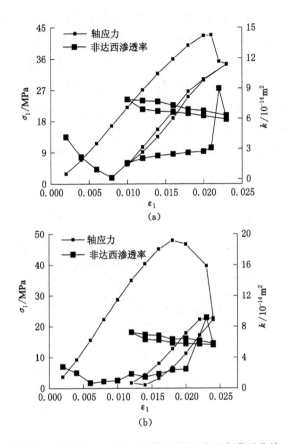

图 5-30　围压为 4.0 MPa 时轴向应变-渗透率滞回曲线

(a) 煤样 X-S-Ⅰ-4;(b) 煤样 L-S-Ⅰ-4

　　由图 5-30(a)可见,在 4.0 MPa 围压下,小纪汗煤样 X-S-Ⅰ-4 峰前的渗透率总体上呈先降后升的趋势,在 $\varepsilon_1 = 0.008$ 处,渗透率达到最小值 $k = 1.11 \times 10^{-15}$,在 $\varepsilon_1 = 0.022$ 处,渗透率达到最大值 $k = 8.97 \times 10^{-14}$。在卸载过程中,渗透率随着轴向应变的减小而增大;在加载过程中,渗透率随着轴向应变的增大而减小,同样成椭圆形。

由图 5-30(b)可见,在 4.0 MPa 围压下,隆德煤样 L-S-Ⅰ-4 渗透率总体趋势与煤样 X-S-Ⅰ-2 相同,但渗透率普遍低于煤样 X-S-Ⅰ-4 的渗透率。在 $\varepsilon_1 = 0.006$ 处,渗透率达到最小值 $k = 6.56 \times 10^{-15}$,在 $\varepsilon_1 = 0.023$ 处,渗透率达到最大值 $k = 9.16 \times 10^{-14}$。滞回曲线同样成椭圆状,且面积仍小于小纪汗煤样。

煤样 X-S-Ⅰ-6 和 L-S-Ⅰ-6 在 6.0 MPa 的恒定围压下进行塑性流动渗透试验,加卸载循环为 1 次。试验结果见图 5-31。

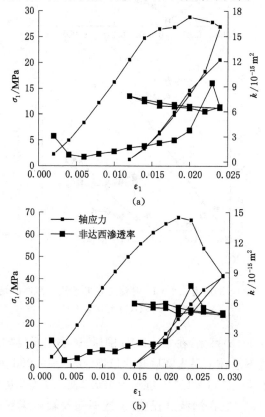

图 5-31 围压为 6.0 MPa 时轴向应变-渗透率滞回曲线
(a) 煤样 X-S-Ⅰ-6;(b) 煤样 L-S-Ⅰ-6

由图 5-31(a)可见,在 6.0 MPa 围压下,小纪汗煤样 X-S-Ⅰ-6 峰前的渗透率总体上呈先降后升的趋势,在 $\varepsilon_1 = 0.006$ 处,渗透率达到最小值 $k = 5.49 \times 10^{-16}$,在 $\varepsilon_1 = 0.023$ 处,渗透率达到最大值 $k = 9.38 \times 10^{-15}$。在卸载过程中,渗透率随着轴向应变的减小而增大;在加载过程中,渗透率随着轴向应变的增大而减小,形成的滞环不明显接近于直线。

由图 5-31(b)可见,在 6.0 MPa 围压下,隆德煤样 L-S-Ⅰ-6 渗透率总体趋势与煤样 X-S-Ⅰ-6 相同,但渗透率普遍低于煤样 X-S-Ⅰ-6的渗透率,且变化趋势变缓。在 $\varepsilon_1 = 0.004$ 处,渗透率达到最小值 $k = 2.19 \times 10^{-16}$,在 $\varepsilon_1 = 0.024$ 处,渗透率达到最大值 $k = 7.65 \times 10^{-15}$。滞回曲线近似椭圆状。

煤样 X-S-Ⅰ-8 和 L-S-Ⅰ-8 在 8.0 MPa 的恒定围压下进行塑性流动渗透试验,加卸载循环为 1 次。试验结果见图 5-32。

由图 5-32(a)可见,在 8.0 MPa 围压下,小纪汗煤样 X-S-Ⅰ-8 峰前的渗透率总体上呈先降后升的趋势,在 $\varepsilon_1 = 0.006$ 处,渗透率达到最小值 $k = 2.41 \times 10^{-16}$,在 $\varepsilon_1 = 0.025$ 处,渗透率达到最大值 $k = 7.86 \times 10^{-15}$。在卸载过程中,渗透率随着轴向应变的减小而增大;在加载过程中,渗透率随着轴向应变的增大而减小,变化的趋势变缓,滞回曲线几乎重合。

由图 5-32(b)可见,在 8.0 MPa 围压下,隆德煤样 L-S-Ⅰ-8 渗透率总体趋势与煤样 X-S-Ⅰ-8 相同,但渗透率普遍低于煤样 X-S-Ⅰ-8的渗透率。在 $\varepsilon_1 = 0.004$ 处,渗透率达到最小值 $k = 1.97 \times 10^{-16}$,在 $\varepsilon_1 = 0.029$ 处,渗透率达到最大值 $k = 6.65 \times 10^{-15}$。滞回曲线近似椭圆状。

体积应变则是轴向应变和径向应变的综合反映,是反映煤体孔隙裂隙的宏观指标,体现煤样的体积变化情况,对煤样渗透率的影响更具有研究价值。不同围压下的体积应变-渗透率滞回曲线,见图 5-33。

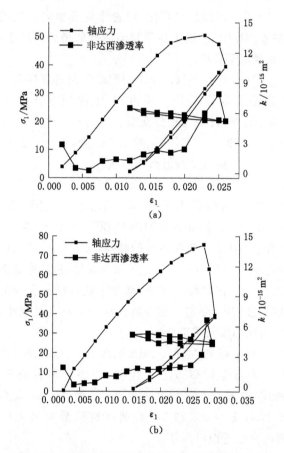

图 5-32　围压为 8.0 MPa 轴向应变-渗透率滞回曲线
（a）煤样 X-S-Ⅰ-8；（b）煤样 L-S-Ⅰ-8

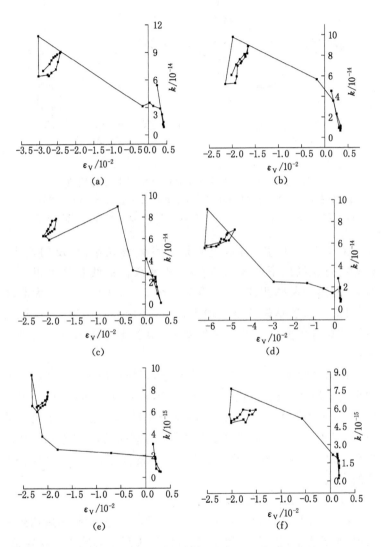

图 5-33 不同围压下煤样体积应变-渗透率滞回曲线

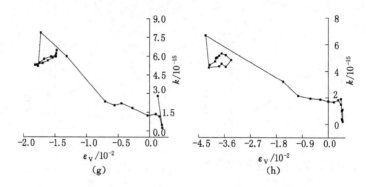

续图 5-33　不同围压下煤样体积应变-渗透率滞回曲线

（a）煤样 X-S-Ⅰ-2；（b）煤样 L-S-Ⅰ-2；（c）煤样 X-S-Ⅰ-4；（d）煤样 L-S-Ⅰ-4；
（e）煤样 X-S-Ⅰ-6；（f）煤样 L-S-Ⅰ-6；（g）煤样 X-S-Ⅰ-8；（h）煤样 L-S-Ⅰ-8

由图 5-33 可知，体积应变是先增大再减小，再反向增大。煤样在每级围压下的体积应变-渗透率滞回曲线总体可以分为两段：在第一段体积应变-渗透率曲线上，体积应变先增大后减小，对应的渗透率先减小后增大，但两条曲线几乎重合，这说明在峰前煤样主要发生的是弹性变形，渗透率是体积应变的单一函数。

在第二段体积应变-渗透率曲线上，岩样的破坏导致体积应变和渗透率均达到最大值。在卸载阶段，渗透率随体积应变（绝对值）的减小而增大。在加载阶段，渗透率随体积应变的增大而减小，同一体积应变加载时的渗透率大于卸载时的，因此形成封闭的滞环。说明在峰后煤样发生了不可恢复的变形，渗透率是体积应变的多值函数。

基于上述分析，得出以下结论：

（1）在同一围压下，渗透率先减小后增大，直到破坏后达到最大值，渗透率的最大值滞后于应力峰值，随后下降趋于一稳定值。煤样应力-应变全程的渗透率变化过程分为 4 个阶段。第一阶段，微裂隙压密弹性阶段。原生微裂隙较少，渗流主要通过岩样孔隙发生,由于岩石孔隙的压密作用,故这一阶段渗透系数呈略微降低。第二阶段,弹塑性阶段。岩样由稳定破裂发展至非稳定破裂,原生与新生裂隙扩展、贯穿,导致渗流逐渐发展为通过裂隙发生,使得渗透系数先缓慢增加而后急剧增大。第三阶段,残余流动阶段。产生近轴向的贯穿性裂隙,岩样渗透系数陡增至峰值,对于应力峰值具有滞后性的特点。第四阶段,破坏后渗透段。达到峰值之后,渗透率多表现为随变形呈下降趋势,并趋于稳定与某一数值水平。这一阶段表现了试样破坏后的塑性流变阶段,渗透率下降是因岩石破坏后重新压密结果,稳定的那一水平反映了破碎试样在残余强度下的渗透性。

(2)在卸载阶段,随着轴应变的减小渗透率在增大。在加载阶段,随着轴应变的增大裂隙被压密渗透率不断减小,同一轴向应变下加载时的渗透率大于卸载时的,说明煤样在加载过程中产生了不可恢复的变形,卸载时应变-渗透率曲线和加载时应变-渗透率曲线形成了封闭的滞环,近似呈椭圆状,椭圆面积随着围压的增大在减小,并且渗透率滞环和煤样在周期性循环荷载作用下应力应变曲线形成的封闭滞回环相对应,并且呈"X"状,说明渗透率的变化与煤样的变形损伤密切相关。

(3)随着围压的增大,渗透率的数量级降低。说明围压越大,应力水平越大,虽然塑性变形增大,但是对煤样的压密作用更大,使得渗透率变小。

5.3.2　恒定轴向应变下的渗透率

煤样 X-S-Ⅱ-229 和煤样 L-S-Ⅱ-229 在 2.29% 的恒定应变下进行塑性流动渗透试验,加卸载循环为 4 次。试验结果见图 5-34。

根据§4.2.3可判定,煤样 X-S-Ⅱ-229 随着循环加卸载围压影响系数依次为 0.44、0.12、0.077 和 0.058;渗透率恢复系数依次为 0.71、0.85、0.84 和 0.80。煤样 L-S-Ⅱ-229 随着循环加卸载

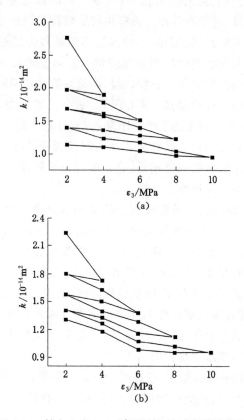

图 5-34　轴向应变 2.29% 下围压-渗透率滞回曲线

（a）煤样 X-S-Ⅱ-229；（b）煤样 L-S-Ⅱ-229

围压影响系数依次为 0.26、0.11、0.077 和 0.057；渗透率恢复系数依次为 0.80、0.88、0.89 和 0.93。

　　煤样 X-S-Ⅱ-235 和煤样 L-S-Ⅱ-235 在 2.35% 的恒定应变下进行塑性流动渗透试验，加卸载循环为 4 次。试验结果见图 5-35。

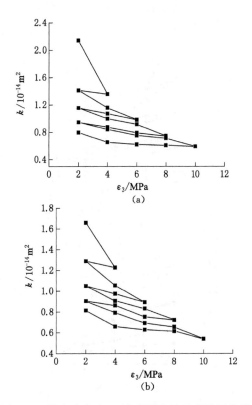

图 5-35　轴向应变 2.35％下围压-渗透率滞回曲线

(a) 煤样 X-Ⅱ-235-S；(b) 煤样 L-Ⅱ-235-S

由 §4.2.3 可判定,煤样 X-S-Ⅱ-235 随着循环加卸载围压影响系数依次为 0.40、0.11、0.068 和 0.044；渗透率恢复系数依次为 0.66 、0.82 、0.82、和 0.84。煤样 L-S-Ⅱ-235 随着循环加卸载围压影响系数依次为 0.22、0.10、0.055 和 0.046；渗透率恢复系数依次为 0.78、0.81 、0.86 和 0.90。

煤样 X-S-Ⅱ-246 和煤样 L-S-Ⅱ-246 在 2.46％的恒定应变下进行塑性流动渗透试验,加卸载循环为 4 次。试验结果见图 5-36。

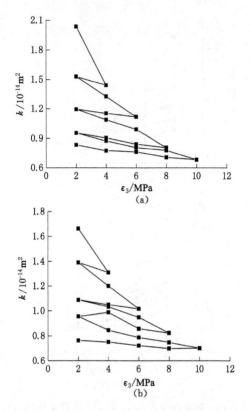

图 5-36　轴向应变 2.46 下围压-渗透率滞回曲线
(a) 煤样 X-Ⅱ-246-S；(b) 煤样 L-Ⅱ-246-S

　　根据§4.2.3 可判定,煤样 X-S-Ⅱ-246 随着循环加卸载围压影响系数依次为 0.30、0.10、0.064 和 0.034;渗透率恢复系数依次为 0.75 、0.78 、0.80 和 0.87。煤样 L-S-Ⅱ-246 随着循环加卸载围压影响系数依次为 0.23、0.093、0.045 和 0.032;渗透率恢复系数依次为 0.78、0.79、0.88 和 0.91。

　　煤样 X-S-Ⅱ-250 和煤样 L-S-Ⅱ-250 在 2.50% 的恒定应变下进行塑性流动渗透试验,加卸载循环为 4 次。试验结果见图 5-37。

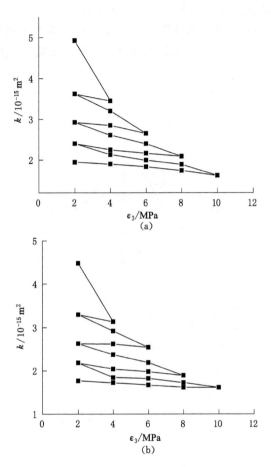

图 5-37 轴向应变 2.50％下围压-渗透率滞回曲线

(a) 煤样 X-Ⅱ-250-S；(b) 煤样 L-Ⅱ-250-S

　　根据§4.2.3可判定,煤样 X-S-Ⅱ-250 随着循环加卸载围压影响系数依次为 0.074、0.024、0.014 和 0.0096；渗透率恢复系数依次为 0.74 、0.78、0.79 和 0.81。煤样 L-S-Ⅱ-250 随着循环加卸载围压影响系数依次为 0.068、0.019、0.012 和 0.007；渗透率恢复系数依次为 0.74 、0.79、0.83 和 0.81。

煤样 X-S-Ⅱ-254 和煤样 L-S-Ⅱ-254 在 2.50％的恒定应变下进行塑性流动渗透试验,加卸载循环为 4 次。试验结果见图 5-38。

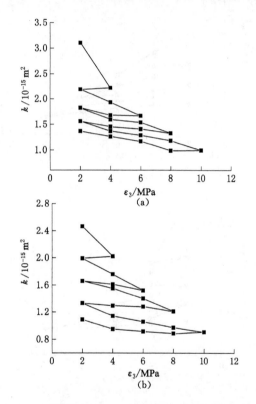

图 5-38　轴向应变 2.54％下围压-渗透率滞回曲线
（a）煤样 X-Ⅱ-254-S;（b）煤样 L-Ⅱ-254-S

根据§4.2.3 可判定,煤样 X-S-Ⅱ-254 随着循环加卸载围压影响系数依次为 0.045、0.013、0.008 2 和 0.007 1;渗透率恢复系数依次为 0.70、0.75、0.77 和 0.80。煤样 L-S-Ⅱ-254 随着循环加卸载围压影响系数依次为 0.022、0.012、0.007 5 和 0.006 0;渗透率恢复系数依次为 0.81、0.83、0.84 和 0.86。

基于上述分析,可以得到以下结论:

(1) 在同一轴向应变下,渗透率与围压呈多一对应关系,并且相同围压下的渗透率随着循环次数的增大而减小。两种煤样在卸载阶段的渗透率小于在加载阶段的渗透率,说明围压加载阶段煤产生了不可恢复的变形,两种煤样渗透率的恢复均存在着明显的应力滞后效应。这就使得煤巷掘进的过程可以视为煤壁前方某一单元体所受的围压逐渐降低过程,由于围压的降低及煤体裂隙的增加使煤体的渗透性增强,可能会较短时间内形成较高的水压梯度,从而增加突出危险性。因此对于高含水矿井,煤巷掘进前必须进行行水的预抽采,在掘进的过程中也要定期检测水是否超标。

(2) 在同一轴向应变下,围压影响系数在降低,渗透率恢复系数在升高。以上两种煤的渗透均对围压比较敏感,在低围压段尤为突出,煤渗透率的降低幅度最大,随围压继续增加岩石渗透率下降幅度变缓。4 次卸载过程中,渗透率都有一定程度升高,但均恢复不到初始值,围压越大,恢复路径越平缓。从第 2 次加载开始,渗透率随着围压的增加有小幅度降低,但是下降幅度相对于首次加载显著减小。就 4 次加载结果相比,后 3 次加卸载过程中煤样渗透率损失率比第 1 次加、卸载中煤样渗透率损失要小得多。说明后 3 次应力加卸载过程中,煤样所产生的形变主要是弹性形变,卸载后能较大程度恢复。而第 1 次加卸载过程中由于开张裂隙及喉道的存在,煤样主要以塑性变形为主。煤样因围压加载发生塑性形变后,大部分裂隙及微小孔道已经闭合,再次压缩只能对容积较大的孔隙起到一定挤压作用,使其受压变形从而影响煤样渗透率,因此从第 2 次加载开始,围压对煤样渗透率的控制性较第 1 次加载大幅度减弱。

5.3.3 讨论

(1) 围压对轴向应变-渗透率和体积应变-渗透率滞回曲线的

影响

两种煤样的渗透试验结果表明,随着围压的增大,煤样的渗透率都有降低的趋势,并且渗透率变化的趋势变缓,轴向应变-渗透率滞回曲线的面积也在减小。

试验前我们猜想体积应变和渗透率存在一一对应关系,但试验结果出乎我们想象。在峰前,体积应变与渗透率存在一一对应的关系。在峰后卸载段的体积应变-渗透率曲线与加载段的体积应变-渗透率曲线形成滞环,体积应变与渗透率一一对应的关系被打破。随着围压的增大,渗透率的数量级在降低,小纪汗煤样滞环的面积随围压的增大在减小。这说明围压对煤样起到压实约束的作用,使煤样的孔隙率减小,致使煤样的渗透性下降。虽然§5.2给出了随着围压的增大塑性应变增量在增大的结论,但是围压对煤样的压密作用更大,使得渗透率变小。

(2)轴向应变对围压-渗透率滞回曲线的影响

① 随着轴向应变的增加,渗透率的数量级在减小,说明轴向应变越大对岩样的压密作用越强。

② 为了便于观察轴向应变对围压影响系数的影响,根据§5.3.2的结果建立表 5-14 和表 5-15。

表 5-14　　小纪汗煤样不同轴向应变下的围压影响系数

轴向应变	围压影响系数 $r_f^{(i)}$			
	$r_f^{(1)}$	$r_f^{(2)}$	$r_f^{(3)}$	$r_f^{(4)}$
2.29%	0.44	0.12	0.077	0.058
2.35%	0.40	0.11	0.068	0.044
2.46%	0.30	0.10	0.064	0.034
2.50%	0.074	0.024	0.014	0.009 6
2.54%	0.045	0.013	0.008 2	0.007 1

表 5-15　　　隆德煤样不同轴向应变下的围压影响系数

轴向应变	围压影响系数 $r_1^{(i)}$			
	$r_1^{(1)}$	$r_1^{(2)}$	$r_1^{(3)}$	$r_1^{(4)}$
2.29%	0.26	0.11	0.077	0.057
2.35%	0.22	0.10	0.055	0.046
2.46%	0.23	0.093	0.045	0.032
2.50%	0.068	0.019	0.012	0.007
2.54%	0.022	0.012	0.007 5	0.006 0

在同一围压加载下,两种煤样随着轴向应变的增大,围压影响系数在减小,说明随着轴向应变的增大,围压对渗透率的影响逐渐降低,原因可能是轴向应变的增大,对煤样有压密作用。在同一应力水平下,小纪汗煤样的围压影响系数大于隆德煤样的,说明小纪汗煤样的渗透性对于应力的变化更加敏感。

为了便于观察轴向应变对渗透率恢复系数的影响,根据§5.3.2的结果建立表 5-16 和表 5-17。

表 5-16　　　小纪汗煤样不同轴向应变下的渗透率恢复系数

轴向应变	渗透率恢复系数 $r_2^{(i)}$			
	$r_2^{(1)}$	$r_2^{(2)}$	$r_2^{(3)}$	$r_2^{(4)}$
2.29%	0.71	0.85	0.84	0.80
2.35%	0.66	0.82	0.82	0.84
2.46%	0.75	0.78	0.80	0.87
2.50%	0.74	0.78	0.79	0.81
2.54%	0.70	0.75	0.77	0.80

表 5-17　　隆德煤样不同轴向应变下的渗透率恢复系数

轴向应变	渗透率恢复系数 $r_2^{(i)}$			
	$r_2^{(1)}$	$r_2^{(2)}$	$r_2^{(3)}$	$r_2^{(4)}$
2.29%	0.80	0.88	0.89	0.93
2.35%	0.78	0.81	0.86	0.90
2.46%	0.78	0.79	0.88	0.91
2.50%	0.74	0.79	0.83	0.81
2.54%	0.81	0.83	0.84	0.86

在同一围压加载下,随着轴向应变的增大,两种煤样的渗透率恢复系数总体呈降低趋势,渗透率恢复不到初始状态说明在围压加载阶段煤产生了不可恢复的变形,渗透率系数随轴向应的增大而降低,说明煤样随轴向应变的增大塑性变形增量越大。在同一应力水平下,小纪汗煤样的渗透率恢复系数小于隆德煤样的,说明在相同应力水平下,小纪汗煤样产生的塑性变形更大。

5.4　本章小结

本章首先通过常规的三轴压缩试验测试了小纪汗和隆德煤样的内摩擦角、内聚力和抗压强度;其次,通过塑性流动下的滞回试验得到滞回曲线并分析其特征;最后,通过塑性流动下的渗透试验得到渗透率的滞回曲线并分析渗透率的变化规律。研究结果如下:

(1)在恒定围压下,轴向应变-轴向应力滞回曲线和环向应变-轴向应力滞回曲线 3 个滞环左右点连线斜率的绝对值、宽长比均随着加卸载次数的增多依次减小。表明随着加载次数的增加,滞环塑性应变增量在减小。渗透率先减小后增大,直到破坏后达到最大值,渗透率的最大值滞后于应力峰值,随后下降趋于一稳定值。在循环加卸载阶段,卸载时应变-渗透率曲线和加载时应变-

渗透率曲线会围成封闭环,滞环近似呈椭圆状,并且轴向应变-渗透率滞环与应力-应变滞环呈"X"状。在塑性流动下渗透率是体积应变的多值函数。

（2）在恒定轴向应变下,环向应变-轴向应力滞回曲线和环向应变-环向应力滞回曲线 4 个滞环左右点连线斜率的绝对值、宽长比均随着围压的增大而增大,表明随着围压的增加,滞环塑性应变增量在增大。渗透率与围压呈多一对应关系。在围压升高初期,渗透率下降幅度增大,降围压松弛后,渗透率恢复程度小;随围压循环数不断增加,渗透率下降幅度逐渐减小,降围压松弛后,渗透率恢复程度增加。同级围压下,随着轴向应变的增加渗透率的数量级在减小。

（3）轴向应力峰值比随着围压和轴向应变的增大均在减小,间隔变密,说明随着轴向应变和围压的增大,煤样的塑性得到增强。

6　小纪汗煤层含水成因分析

榆横矿区地处毛乌素沙漠与黄土高原的接壤地区,属于典型的干旱缺水性区域。矿区中红石峡、西红墩、波罗、巴拉素、袁大滩、可可盖、大海则、十六台、乌苏海则、红石桥、隆德等矿的煤层含水量极小甚至不含水。21 世纪初,在榆横矿区小纪汗煤矿首次发现煤层为主含水层的特殊地质构造,这种地质构造即便在南方也很罕见。因此,"西部矿区煤层为何成为主含水层"成为煤炭科技领域一个热点研究课题。

小纪汗煤层之所以成为主含水层,除了煤的强度和渗透性与其他矿区有所差别外,还有其他原因,如煤体的初始裂隙结构特征、初始孔隙度等。下面,我们将电镜扫描试验、压汞试验与第 5 章试验结果结合,并以隆德(煤层不含水)煤样为对比对象,分析小纪汗煤层成为含水层的原因。

6.1　SEM 电镜扫描试验

试验仪器为 SEM ＊/Quanta 250 扫描电子显微镜,见图 6-1。扫描电镜的工作原理[110]如下:当具有一定能量的入射电子束轰击样品表面时,电子与元素的原子核及外层电子发生单次或多次弹性与非弹性碰撞,一些电子被反射出样品表面,而其余的电子则渗入样品中,逐渐失去其动能,最后停止运动,并被样品吸收。在此过程中有 99％以上的入射电子能量转变成热能,而其余约 1％的入射电子能量从样品中激发出各种信号。这些信号主要包括二次电子、背散射电子、吸收电子、透射电子、俄歇电子、电子电动势、阴极发光、X 射线等。扫描电镜设备就是通过这些信号得到讯息，从而对样品进行分析。

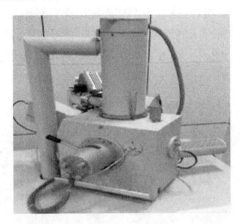

图 6-1　SEM ＊/Quanta 250 电子显微镜

煤样 SEM 电镜扫描试验的方法如下：煤样为直径约 5 mm、形状不规则的立方体，见图 6-2。将煤样固定在金属试样架上并喷金；喷金后的煤样表面贴上导电胶带，要求导电胶带与试样架接

图 6-2　SEM 试验煤样

触。然后,将煤样放入扫描电镜真空仓中进行电镜扫描拍照;分别采用 1 000 倍、2 000 倍、5 000 倍、1 000 倍 0 和 20 000 倍的放大倍数进行观测和拍摄,并选取多个感兴趣区进行详细的形貌观察,同时采用 X 射线能谱技术分析煤样表层和感兴趣区,最终得到煤样 SEM 扫描图。图 6-3 和图 6-4 分别是小纪汗煤样和隆德煤样的 SEM 扫描图。

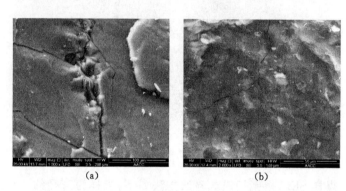

图 6-3　小纪汗煤样裂隙 SEM 扫描图

(a) 主裂隙;(b) 次裂隙

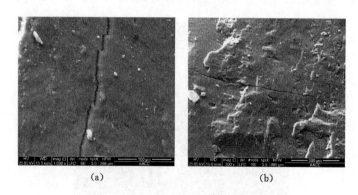

图 6-4　隆德煤样裂隙 SEM 扫描图

(a) 主裂隙;(b) 次裂隙

对照图 6-3 和图 6-4 可以看出：① 小纪汗煤样的主裂隙开度明显大于隆德煤样；② 小纪汗煤样存在多条主裂隙交汇或交叉的图案，而在交叉点（交汇点）附近存在范围较大的破碎区，隆德煤样的主裂隙多为互不联通的平行裂隙，裂隙开度基本不变；③ 小纪汗煤样的次裂隙迂回弯曲、没有明显的走向，而且存在裂隙交汇现象，而隆德煤样次裂隙产状清晰，裂隙间很少交错。

综上所述，小纪汗煤样含有大量的主、次裂隙，煤体结构松散，在裂隙的交汇点附近存在孔洞。这种复杂的裂隙构造为水体提供了充足的储存空间和良好的流动通道。

6.2 压汞试验

本节通过压汞试验分析小纪汗煤样和隆德煤样的初始孔隙度、初始渗透率、总进贡量、总孔面积和平均孔径等特性参量的差异。

试验仪器为 AUTOPORE 9500 型压汞仪，见图 6-5。压汞仪测试原理[111]如下：在给定的压力 p 下，将常温下的汞压入被测多孔材料的毛细孔中，而当汞进入毛细孔中时，毛细管与汞的接触面会产生与外界压力方向相反的毛细管力，阻碍汞进入毛细管。根据力的平衡原理，当外压力大到足以克服毛细管力时，汞就会侵入孔隙。因此，外界施加的一个压力 p 便可度量相应的孔径 r_h 的大小，假设多孔材料所有孔都是圆柱形的，则 p 与 r_h 满足 Washburn方程，即

$$p = -\frac{2\gamma\cos\theta_{ls}}{r_h} \tag{6-1}$$

其中，γ 为汞的表面张力；θ_{ls} 为汞与煤的接触角；r_h 为孔隙半径。

将尺寸约为 5 mm×3 mm×2 mm 的煤样（图 6-6）置于 60 ℃恒稳下烘干 24 h，然后用精密天平（图 6-7）测量出煤样质量。将烘干后煤样装入样品管，见图 6-8。将样品管装入低压站，开启系

统。低压试验结束后，将样品管取出，装入高压站。试验结果见表6-1和图6-9。

图 6-5　AUTOPORE 9500 压汞仪

图 6-6　压汞试验煤样

图 6-7 精密天平

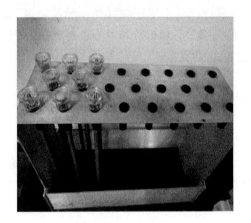

图 6-8 样品管

表 6-1　　　　　　　　　煤样压汞试验结果

煤样	编号	孔隙度 /%	总进汞量 /(mL/g)	渗透率 /m²	总孔面积 /(m²/g)	平均孔径 /nm
小纪汗	M1	9.89	0.089 2	8.51×10^{-15}	44.95	7.91
隆德	M2	8.97	0.079 6	4.54×10^{-15}	41.14	7.70

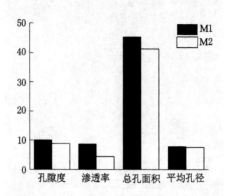

图 6-9   含水煤层和非含水煤层压汞试验的对比图

从图 6-9 可以看出，小纪汗煤样的初始孔隙度、总进贡量、初始渗透率、总孔面积和平均孔径均大于隆德煤样，表明小纪汗煤层的储水能力比隆德煤层强。

6.3   小纪汗煤层含水原因分析

小纪汗煤层能够成为主含水层原因是多方面的，但是可归结为内部原因和外部原因。内部原因在于煤层的裂隙和孔隙结构的特殊性，外部原因在于煤层上部和下部岩层的构造特殊性和水源的存在性。朱南京[101]从顶板岩性及富水特征、煤层渗透性、煤层裂隙发育程度、裂隙中水的来源与补给等方面探讨了小纪汗煤层含水的原因。本节将从煤层的强度、塑性流动对煤层孔隙结构的影响、煤层的微观结构及渗透性等几个方面对小纪汗煤层能够成为主含水层原因做简单的补充分析。

（1）煤层的强度

煤的强度指标包括抗拉强度、内聚力和内摩擦角。其中，内摩擦角反映是围压增大引起抗剪强度的提高。如果煤的内摩擦角较大,则只要围压稍微大于零其轴向破坏载荷(破坏时轴向应力)就远远大于单轴抗压强度。反之,如果煤的内摩擦角较小,则围压的增大不会明显提高破坏时煤的轴向应力。围压作用的效果在于裂隙的闭合,内摩擦角越大裂隙越容易闭合,反之内摩擦角越小裂隙越难以闭合。根据§5.1的试验结果,小纪汗煤样的内聚力和内摩擦角均小于隆德煤样,这表明小纪汗(含水)煤层比隆德(非含水)煤层的裂隙难闭合。

(2)煤层的塑性流动

根据§5.1节的试验结果,小纪汗煤样在塑性流动过程中,轴向应变-轴向应力曲线、径向应变(环向应变)-轴向应力曲线、径向应变-径向应力曲线、轴向应变-径向应力(环向应力)曲线及体积应变-平均正应力曲线都会形成闭环,这些闭环的存在消耗了大量外界输入到煤层的能量,造成裂隙不断扩展和生成。这就为煤层提供了储水空间。

(3)煤层微观结构

SEM 电镜扫描试验结构表明,小纪汗煤样含有大量的主、次裂隙,煤体结构松散,在裂隙的交汇点附近存在孔洞。这种复杂的裂隙构造为水体提供了充足的储存空间和良好的流动通道。压汞试验表明,小纪汗煤样的初始孔隙度、总进贡量、初始渗透率、总孔面积和平均孔径均大于隆德煤样,这表明小纪汗煤层的储水能力比隆德煤层强。

(4)煤层的渗透率

§5.3的试验结果表明,在塑性流动过程中,小纪汗煤样的应变-渗透率滞环明显比隆德煤样的滞环饱满。因此,在煤层发生周期性位移过程中,小纪汗煤样渗透率振荡的幅度较大,外界水进入煤层时的渗透性强,煤层中水向外界流动时,渗透性差。这样,煤层中水量难以减少。

6.4　本章小结

基于小纪汗的水文地质条件,本章通过煤的强度、煤的塑性流动、初始裂隙结构特征、初始孔隙度和渗透性等方面分析小纪汗煤层成为含水层的原因。主要内容如下:

(1) SEM 电镜扫描试验表明,小纪汗煤样含有大量的主、次裂隙,煤体结构松散,在裂隙的交汇点附近存在孔洞。压汞试验表明,小纪汗煤样的初始孔隙度、总进贡量、初始渗透率、总孔面积和平均孔径均大于隆德煤样。这种复杂的裂隙构造为水体提供了充足的储存空间和良好的流动通道。

(2) 根据第 5 章的试验结果,一方面小纪汗煤样的内聚力和内摩擦角均小于隆德煤样,表明小纪汗(含水)煤层比隆德(非含水)煤层的裂隙难闭合。另一方面,塑性流动下的滞回试验得到的滞回曲线表明,这些闭环的存在消耗了大量的外界输入到煤层的能量,造成裂隙不断扩展和生成,这就为煤层提供了储水空间。

在塑性流动过程中,小纪汗煤样的应变-渗透率滞环明显比隆德煤样的滞环饱满,并且在相同应力条件下,小纪汗煤样的渗透率普遍大于隆德煤样。因此,在煤层发生周期性位移过程中,小纪汗煤样渗透率振荡的幅度较大,外界水进入煤层时的渗透性强,煤层中水向外界流动时,渗透性差。这样,煤层中水量难以减少。

7 结论与展望

7.1 本书结论

本书针对"西部矿区煤层为主含水层"的特殊地质构,开展了小纪汗煤样和隆德煤样的渗透试验研究。完成了煤样的常规三轴压缩试验、塑性流动下的滞回试验和渗透试验。通过塑性流动试验分析了五种应力应变滞回曲线(恒定围压下轴向应变-轴向应力滞回曲线、环向应变-轴向应力滞回曲线、体积应变-平均正应力滞回曲线以及恒定应变下环向应变-轴向应力滞回曲线、环向应变-环向应力滞回曲线)的几何特征,从塑性流动过程中煤层能量消耗的视角讨论了煤层裂隙生成和扩展的原因。通过塑性流动下的渗透试验,分析了三种应变-渗透率滞回曲线(恒定围压下轴向应变-渗透率滞回曲线、体积应变-渗透率滞回曲线及恒定轴向应变下围压-渗透率滞回曲线)的几何特征。通过 SEM 电镜扫描和压汞试验,分析了煤样的微观结构。在试验的基础上,小纪汗煤层能够成为主含水层原因做简单的补充分析。通过研究,得出如下结论:

(1) 通过常规三轴中试验得到小纪汗和隆德煤样的内聚力分别为 6.89 MPa 和 7.52 MPa,内摩擦角分别为 42.3°和 43.1°。

(2) 通过塑性流动下的滞回试验得到小纪汗煤样应力应变滞回曲线的几何特征参量。

试验结果表明:① 在恒定围压下,轴向应变-轴向应力滞回曲线、环向应变-轴向应力滞回曲线、体积应变-平均正应力滞回曲线的左右点连线斜率的绝对值、宽长比均随着加卸载次数的增多依次减小,同一加载次数下,随着围压的增大而增大。② 在恒定轴向应变下,环向应变-轴向应力滞回曲线和环向应变-环向应力滞回曲线的左右点连线斜率的绝对值、宽长比均随着围压的增大而增大,同一围压加载下,随着轴向应变的增大也在增大。

(3)通过塑性流动下的渗透试验得到小纪汗和隆德煤样渗透率在循环加卸载阶段的变化规律。试验结果表明:① 在恒定围压下,渗透率随着轴向应变的卸载在增大,随着轴向应变的加载在减小,并且加载时的渗透率大于卸载时的渗透率,滞环近似呈椭圆状,并且轴向应变-轴向应力滞回曲线呈现"X"状。在峰前,随体积应变先增大后减小,与之对应的渗透率先减小后增大,但几乎为一条曲线。在循环加卸载阶段,体积应变呈现先减小后增大的趋势,与之对应的渗透率先增大后减小,但会形成封闭的滞环。② 在恒定轴向应变下,渗透率与围压呈多一对应关系。在围压升高初期,渗透率下降幅度大,降围压松弛后,渗透率恢复程度小,随围压循环数不断增加,渗透率下降幅度逐渐减小,渗透率恢复程度增加。隆德煤样渗透率的变化趋势与小纪汗煤样相似,但渗透率的值较小。

(4)通过 SEM 电镜扫描和压汞试验得到两种煤样初始的裂隙结构和孔隙结构特征。试验结果表明:① 小纪汗煤样含有大量的主、次裂隙,煤体结构松散,在裂隙的交汇点附近存在孔洞,而隆德煤样的主裂隙多为互不联通的平行裂隙,裂隙开度很小且基本不变。② 小纪汗煤样的初始孔隙度、总进贡量、初始渗透率、总孔面积和平均孔径均大于隆德煤样。

根据以上结果,得出如下结论:

(1)小纪汗煤样的内聚力和内摩擦角均小于隆德煤样,这表明小纪汗(含水)煤层比隆德(非含水)煤层的裂隙难闭合。

(2)小纪汗煤样在塑性流动过程中,形成了一系列闭环曲线,根据刻画这些滞回曲线的几何特征参量的变化规律,可以得出不论是随着围压还是轴向应变的增大,塑性应变增量在增大,滞后性增强。另一方面这些闭环的存在消耗了大量的外界输入到煤层的能量,造成裂隙不断扩展和生成,这为煤层提供了储水空间。

(3)由渗透率随体积应变变化的规律可知,在峰前主要发生弹性变形,体积应变与渗透率存在一一对应的关系。在塑性流动下,煤样产生了不可恢复的变形,渗透率是体积应变的多值函数。

(4)在塑性流动中,小纪汗煤样的应变-渗透率滞环明显比隆德煤样的滞环饱满。因此,在煤层发生周期性位移过程中,小纪汗煤样渗透率振荡的幅度大,外界水进入煤层时渗透性强,煤层中水向外界流动时渗透性差。这样,煤层中水量难以减少。

7.2　后续展望

本书主要是分析了滞回曲线的几何特征,虽然取得了一定的成果,取得了一定的进展,但研究时间过短,研究条件也受到了限制,还存在许多不足,我认为可以从以下方面进行改善:

(1)运用塑性力学和渗流力学理论研究煤层为主含水层的剪切破坏规律、塑性势函数、塑性流动法则以及塑性流动下渗透性参量(渗透率、非 Darcy 流 因子和加速度系数)的变化规律。

(2)多重滞环下,煤流动法则的构建。拟参照结构工程中有关滞回模型建立微分形式的流动法则。

(3)复杂流动路径(包括小滞环的流动路径)下渗透性能-应变分量关系建立。拟通过应变分量-孔隙度的经验关系、孔隙度-渗透性能关系以及流动法则,间接地构建渗透性能-应变分量关系,并利用遗传算法或 Monte Carlo 法对模型中参量进行优化。

变量注释表

σ_1	第一主应力
σ_2	第二主应力
σ_3	第三主应力
ε_1	第一主应变
ε_2	第二主应变
ε_3	第三主应变
E	弹性模量
ν	Poisson 比
λ	Lame 系数
ε_V	体积应变
G	体积模量
σ^t	岩石的抗拉强度
τ	剪切面上的剪应力
σ	剪切面上的正应力
C	内聚力
Φ	内摩擦角
σ_m	平均正应力
q	等效应力
θ_σ	应力 Lode 角
I_1	应力张量的第一不变量
J_2	偏应力张量的第二不变量
σ_c	单轴抗压强度
D	反映爆破和应力释放对岩石强度影响的参量

GSI	地质强度指标
σ_m^{*N}	特征化压力
ε^*	特征化应变率
c^*	应变率影响参数
Q	塑性势函数
$d\lambda_s$	塑性比例系数
Ψ	膨胀角
H	磁场强度
B	磁感应强度
B_1	饱和磁感应强度
μ_1、μ_2	反映材料磁导性质的参量
Ψ_1、Ψ_2	反映磁场强度与磁感应强度相位关系的参量
θ	相位角
E_e	电场强度
E_c	矫顽电场强度
P_s	铁电电容的自发极化强度
P_r	剩余极化强度
M	磁极化强度
H_e	有效磁场强度
$\tilde{M}$	无滞回的磁极化强度
k_m	不可逆磁滞系数
χ	方向系数
ω	可逆分量系数
$\tilde{\alpha}$	畴壁相互作用系数
M_s	饱和磁极化强度
H_a	表征无磁滞磁化曲线形状的参数
φ	孔隙度
δV_{pore}	孔隙体积

δV	体积之比
φ_e	有效孔隙度
$\delta V_{\text{pore}}^{\text{eff}}$	有效孔隙体积
σ_m^{eff}	平均有效正应力
p_0	流体压力的参考值
φ_0	对应于参考压力的孔隙度
K_φ	孔隙压力系数
K_b	多孔介质的体积模量
V	单位面积上的流量（即渗流速度）
i	坡降（水头梯度的负值）
g	重力加速度
ρ	流体的质量密度
μ	流体的动量黏度
k	渗透率
c_f	压缩系数
K_f	压缩模量
τ_{12}	剪应力
$\overset{\leftrightarrow}{k}$	渗透率张量
γ^{p*}	塑性流动初始塑性等效应变
d_s	岩样的直径
h_s	岩样的高度
u_a	轴向位移
ε_1^{**}	轴向应变
K_h	左右点连线的斜率
η	滞环宽长比
l	滞环的长度
d	滞环的宽度
σ_1^{I}	第1个滞环的轴向应力峰值

σ_1^{II}	第 2 个滞环的轴向应力峰值
σ_1^{III}	第 3 个滞环的轴向应力峰值
σ_3^i	第 i 次循环开始时刻的围压
$k_e^{(i)}$	第 i 次循环终了时刻的渗透率

附　录

附录 A1

煤样 X-S-Ⅰ-2 的渗透率

序号	状态	σ_1	ε_1	ε_3	ε_V	k/m^2	备注
1	A1	2.12	0.002	0.000 21	0.002 42	5.41E-14	峰前
2	A2	5.32	0.004	−0.000 53	0.002 95	1.16E-14	峰前
3	A3	9.19	0.006	−0.001 47	0.003 07	1.03E-14	峰前
4	A4	13.75	0.008	−0.002 43	0.003 135	8.77E-15	峰前
5	A5	18.34	0.01	−0.003 33	0.003 34	1.41E-14	峰前
6	A6	23.35	0.012	−0.004 4	0.003 2	2.24E-14	峰前
7	A7	28.10	0.014	−0.005 58	0.002 85	2.88E-14	峰前
8	A8	32.72	0.016	−0.007 33	0.001 35	3.17E-14	峰前
9	A9	36.37	0.018	−0.008 82	0.000 37	3.53E-14	峰前
10	A10	36.11	0.02	−0.010 79	−0.001 57	3.13E-14	峰前
11	A11	37.23	0.022	−0.026 15	−0.030 3	1.08E-13	峰前
12	A12	19.35	0.023	−0.026 6	−0.030 2	6.44E-14	反向点
13	A13	15.37	0.02	−0.023 85	−0.027 7	6.58E-14	卸载
14	A14	11.41	0.018	−0.022 7	−0.027 4	6.46E-14	卸载
15	A15	8.11	0.016	−0.021 3	−0.026 6	6.79E-14	卸载
16	A16	5.43	0.014	−0.019 7	−0.025 4	7.18E-14	卸载
17	A17	3.26	0.012	−0.018 4	−0.024 8	7.99E-14	卸载

序号	状态	σ_1	ε_1	ε_3	ε_V	k/m^2	备注
18	A18	1.62	0.01	$-0.017\ 05$	$-0.024\ 1$	9.08E-14	反向点
19	A19	3.31	0.012	$-0.018\ 15$	$-0.024\ 3$	8.96E-14	加载
20	A20	5.94	0.014	$-0.019\ 55$	$-0.025\ 1$	8.81E-14	加载
21	A21	9.03	0.016	$-0.020\ 8$	$-0.025\ 6$	8.63E-14	加载
22	A22	12.49	0.018	$-0.022\ 05$	$-0.026\ 1$	8.47E-14	加载
23	A23	16.17	0.02	$-0.023\ 3$	$-0.026\ 6$	8.16E-14	加载
24	A24	18.30	0.022	$-0.024\ 55$	$-0.027\ 1$	7.75E-14	加载
25	A25	19.71	0.023	$-0.025\ 95$	$-0.028\ 9$	7.02E-14	加载

煤样 L-S-Ⅰ-2 的渗透率

序号	状态	σ_1	ε_1	ε_3	ε_V	k/m^2	备注
1	A1	3.43	0.002	−0.000 28	0.001 44	4.51E-14	峰前
2	A2	8.60	0.004	−0.000 46	0.003 086	9.28E-15	峰前
3	A3	14.62	0.006	−0.001 32	0.003 36	6.79E-15	峰前
4	A4	21.22	0.008	−0.002 26	0.003 482	8.88E-15	峰前
5	A5	27.74	0.01	−0.003 2	0.003 604	1.13E-14	峰前
6	A6	34.18	0.012	−0.004 72	0.002 56	2.31E-14	峰前
7	A7	40.00	0.014	−0.006 08	0.001 844	3.57E-14	峰前
8	A8	44.62	0.016	−0.008 83	−0.001 66	5.64E-14	峰前
9	A9	41.43	0.018	−0.018 9	−0.019 8	9.83E-14	峰前
10	A10	39.65	0.02	−0.020 73	−0.021 45	5.22E-14	峰前
11	A11	20.10	0.021	−0.020 17	−0.019 33	5.31E-14	反向点
12	A12	13.86	0.018	−0.018 5	−0.019 01	5.98E-14	卸载
13	A13	9.54	0.016	−0.017 41	−0.018 82	7.02E-14	卸载
14	A14	6.22	0.014	−0.016 05	−0.018 1	7.28E-14	卸载
15	A15	3.67	0.012	−0.014 95	−0.017 9	7.44E-14	卸载
16	A16	1.64	0.01	−0.013 55	−0.017 1	7.92E-14	卸载
17	A17	1.02	0.008	−0.012 26	−0.016 51	8.93E-14	卸载
18	A18	4.16	0.012	−0.014 25	−0.016 49	8.21E-14	反向点
19	A19	7.41	0.014	−0.015 65	−0.017 3	8.14E-14	加载
20	A20	11.32	0.016	−0.017 15	−0.018 3	7.66E-14	加载
21	A21	15.87	0.018	−0.018 55	−0.019 1	7.13E-14	加载
22	A22	20.48	0.021	−0.020 55	−0.020 1	6.11E-14	加载

煤样 X-S-Ⅰ-4 的渗透率

序号	状态	σ_1	ε_1	ε_3	εV	k/m^2	备注
1	A1	2.945	0.002	−0.000 87	0.000 27	4.16E-14	峰前
2	A2	6.93	0.004	−0.001 13	0.001 745	2.15E-14	峰前
3	A3	11.67	0.006	−0.001 72	0.002 56	9.46E-15	峰前
4	A4	16.74	0.008	−0.002 36	0.003 29	1.11E-15	峰前
5	A5	21.97	0.01	−0.003 78	0.002 44	1.57E-14	峰前
6	A6	27.03	0.012	−0.004 9	0.002 21	2.04E-14	峰前
7	A7	31.75	0.014	−0.005 93	0.002 15	2.29E-14	峰前
8	A8	35.97	0.016	−0.006 93	0.002 15	2.46E-14	峰前
9	A9	39.89	0.018	−0.008 25	0.001 496	2.59E-14	峰前
10	A10	42.66	0.02	−0.009 74	0.000 52	2.73E-14	峰前
11	A11	42.87	0.021	−0.011 75	−0.002 5	3.08E-14	峰前
12	A12	35.30	0.022	−0.013 73	−0.005 45	8.97E-14	反向点
13	A13	34.52	0.02	−0.019 85	−0.019 7	5.91E-14	卸载
14	A14	29.87	0.018	−0.019 2	−0.020 4	6.27E-14	卸载
15	A15	24.99	0.016	−0.017 95	−0.019 9	6.48E-14	卸载
16	A16	18.91	0.014	−0.016 75	−0.019 5	6.61E-14	卸载
17	A17	13.65	0.012	−0.015 55	−0.019 1	6.72E-14	卸载
18	A18	9.22	0.01	−0.014 3	−0.018 6	6.90E-14	反向点
19	A19	5.5	0.012	−0.015 1	−0.018 2	7.87E-14	加载
20	A20	10.57	0.014	−0.016 2	−0.018 4	7.74E-14	加载
21	A21	15.61	0.016	−0.017 55	−0.019 1	7.65E-14	加载
22	A22	21.11	0.018	−0.018 7	−0.019 4	7.29E-14	加载
23	A23	26.64	0.02	−0.019 95	−0.019 9	6.90E-14	加载
24	A24	30.16	0.021	−0.020 55	−0.020 1	6.73E-14	加载
25	A25	34.41	0.023	−0.021 95	−0.020 9	6.28E-14	加载

煤样 L-S-Ⅰ-4 的渗透率

序号	状态	σ_1	ε_1	ε_3	ε_V	k/m^2	备注
1	A1	3.65	0.002	−0.000 14	0.001 712	2.79E-14	峰前
2	A2	9.21	0.004	−0.000 7	0.002 61	1.96E-14	峰前
3	A3	15.63	0.006	−0.001 49	0.003 025	6.56E-15	峰前
4	A4	22.3	0.008	−0.002 52	0.002 96	8.61E-15	峰前
5	A5	28.7	0.01	−0.003 69	0.002 624	9.77E-15	峰前
6	A6	34.95	0.012	−0.004 97	0.002 061	1.86E-14	峰前
7	A7	40.41	0.014	−0.007 5	−0.001	1.45E-14	峰前
8	A8	45.07	0.016	−0.010 53	−0.005 07	1.86E-14	峰前
9	A9	47.92	0.018	−0.015 47	−0.012 93	2.36E-14	峰前
10	A10	46.64	0.02	−0.024 46	−0.028 91	2.49E-14	峰前
11	A11	39.72	0.023	−0.041 78	−0.060 56	9.16E-14	峰前
12	A12	22.16	0.024	−0.042 45	−0.060 9	5.61E-14	反向点
13	A13	17.18	0.022	−0.040 34	−0.058 67	5.72E-14	卸载
14	A14	11.31	0.02	−0.038 12	−0.056 24	5.76E-14	卸载
15	A15	6.72	0.018	−0.035 54	−0.053 07	5.91E-14	卸载
16	A16	3.16	0.016	−0.032 89	−0.049 77	6.26E-14	卸载
17	A17	1.05	0.014	−0.030 51	−0.047 02	6.31E-14	卸载
18	A18	1.66	0.012	−0.028 7	−0.045 39	7.27E-14	卸载
19	A19	4.36	0.014	−0.027 84	−0.041 68	6.96E-14	反向点
20	A20	8.08	0.016	−0.028 72	−0.041 43	6.82E-14	加载
21	A21	12.79	0.018	−0.030 14	−0.042 28	6.37E-14	加载
22	A22	17.86	0.02	−0.032 1	−0.044 19	6.44E-14	加载
23	A23	22.25	0.022	−0.034 75	−0.047 5	6.16E-14	加载
24	A24	22.71	0.024	−0.038 75	−0.053 5	5.81E-14	加载

煤样 X-S-Ⅰ-6 的渗透率

序号	状态	σ_1	ε_1	ε_3	ε_V	k/m^2	备注
1	A1	2.263	0.002	−0.000 26	0.001 489	3.05E-15	峰前
2	A2	4.97	0.004	−0.000 92	0.002 154	7.98E-16	峰前
3	A3	8.34	0.006	−0.001 6	0.002 8	5.49E-16	峰前
4	A4	12.21	0.008	−0.002 45	0.003 097	9.03E-16	峰前
5	A5	16.19	0.01	−0.003 9	0.002 21	1.20E-15	峰前
6	A6	20.57	0.012	−0.004 98	0.002 04	1.69E-15	峰前
7	A7	24.77	0.014	−0.006 01	0.001 99	1.85E-15	峰前
8	A8	26.5	0.016	−0.011 45	−0.006 9	2.24E-15	峰前
9	A9	26.89	0.018	−0.018	−0.017 99	2.57E-15	峰前
10	A10	28.85	0.02	−0.020 55	−0.021 1	3.76E-15	峰前
11	A11	27.83	0.023	−0.023 13	−0.023 26	9.38E-15	峰前
12	A12	26.93	0.024	−0.023 58	−0.023 16	6.54E-15	反向点
13	A13	18.28	0.022	−0.022 08	−0.022 16	6.01E-15	卸载
14	A14	13.81	0.02	−0.020 73	−0.021 45	6.39E-15	卸载
15	A15	9.86	0.018	−0.019 51	−0.021 01	6.57E-15	卸载
16	A16	6.31	0.016	−0.018 24	−0.020 48	6.68E-15	卸载
17	A17	3.39	0.014	−0.017 04	−0.020 08	7.19E-15	卸载
18	A18	1.24	0.012	−0.015 97	−0.019 94	7.81E-15	反向点
19	A19	3.29	0.014	−0.017 01	−0.020 01	7.43E-15	加载
20	A20	6.57	0.016	−0.018 24	−0.020 48	7.06E-15	加载
21	A21	10.4	0.018	−0.019 55	−0.021 1	6.82E-15	加载
22	A22	14.59	0.02	−0.020 95	−0.021 9	6.57E-15	加载
23	A23	20.58	0.024	−0.023 1	−0.022 2	6.43E-15	加载

煤样 L-S-Ⅰ-6 的渗透率

序号	状态	σ_1	ε_1	ε_3	ε_V	k/m^2	备注
1	A1	4.88	0.002	−0.000 28	0.001 44	2.21E-15	峰前
2	A2	11.37	0.004	−0.001 13	0.001 74	2.19E-16	峰前
3	A3	19.11	0.006	−0.002 105	0.001 79	4.45E-16	峰前
4	A4	27.64	0.008	−0.003 095	0.001 81	1.06E-15	峰前
5	A5	35.84	0.01	−0.004 105	0.001 79	1.23E-15	峰前
6	A6	43.31	0.012	−0.005 115	0.001 77	1.11E-15	峰前
7	A7	49.91	0.014	−0.006 13	0.001 74	1.66E-15	峰前
8	A8	55.81	0.016	−0.007 26	0.001 48	2.02E-15	峰前
9	A9	60.72	0.018	−0.008 252	0.001 496	1.86E-15	峰前
10	A10	64.83	0.02	−0.009 74	0.000 52	2.14E-15	峰前
11	A11	67.64	0.022	−0.013 85	−0.005 7	5.14E-15	峰前
12	A12	66.46	0.024	−0.022 05	−0.020 1	7.65E-15	峰后
13	A13	53.8	0.026	−0.023 25	−0.020 5	5.51E-15	峰后
14	A14	41.48	0.029	−0.024 55	−0.020 1	4.81E-15	反向点
15	A15	24.37	0.024	−0.020 8	−0.017 6	5.09E-15	卸载
16	A16	18.02	0.022	−0.019 6	−0.017 2	4.86E-15	卸载
17	A17	12.28	0.02	−0.018 25	−0.016 5	5.46E-15	卸载
18	A18	7.42	0.018	−0.016 9	−0.015 8	5.50E-15	反向点
19	A19	1.715	0.015	−0.015 05	−0.015 1	5.90E-15	加载
20	A20	9.19	0.018	−0.017 15	−0.016 3	5.82E-15	加载
21	A21	15.46	0.02	−0.018 85	−0.017 7	5.91E-15	加载
22	A22	21.94	0.022	−0.020 15	−0.018 3	5.5E-15	加载
23	A23	28.75	0.024	−0.021 45	−0.018 9	5.24E-15	加载
24	A24	35.06	0.026	−0.022 75	−0.019 5	5.11E-15	加载
25	A25	41.23	0.029	−0.024 55	−0.020 1	4.98E-15	加载

煤样 X-S-Ⅰ-8 的渗透率

序号	状态	σ_1	ε_1	ε_3	εV	k/m^2	备注
1	A1	3.99	0.002	−0.000 35	0.001 307	2.81E-15	峰前
2	A2	8.84	0.004	−0.001 2	0.001 597	4.90E-16	峰前
3	A3	14.35	0.006	−0.002 18	0.001 648	2.41E-16	峰前
4	A4	20.64	0.008	−0.003 22	0.001 557	1.17E-15	峰前
5	A5	26.92	0.01	−0.004 5	0.001 01	1.35E-15	峰前
6	A6	32.79	0.012	−0.006 16	−0.000 32	1.23E-15	峰前
7	A7	38.36	0.014	−0.008 35	−0.002 69	1.83E-15	峰前
8	A8	43.38	0.016	−0.010 23	−0.004 45	2.20E-15	峰前
9	A9	47.72	0.018	−0.011 78	−0.005 55	2.04E-15	峰前
10	A10	49.53	0.02	−0.013 53	−0.007 06	2.35E-15	峰前
11	A11	50.42	0.023	−0.018 06	−0.013 11	5.97E-15	峰前
12	A12	47.36	0.025	−0.021 11	−0.017 22	7.86E-15	峰前
13	A13	39.5	0.026	−0.021 82	−0.017 64	5.20E-15	反向点
14	A14	29.77	0.023	−0.020 58	−0.018 15	5.29E-15	卸载
15	A15	19.84	0.02	−0.018 46	−0.016 91	5.44E-15	卸载
16	A16	14.37	0.018	−0.017 06	−0.016 12	5.64E-15	卸载
17	A17	9.38	0.016	−0.015 69	−0.015 38	5.86E-15	卸载
18	A18	5.31	0.014	−0.014 42	−0.014 84	5.95E-15	卸载
19	A19	2.26	0.012	−0.013 37	−0.014 74	6.47E-15	反向点
20	A20	5.63	0.014	−0.014 41	−0.014 81	6.20E-15	加载
21	A21	10.61	0.016	−0.015 47	−0.014 94	6.01E-15	加载
22	A22	16.16	0.018	−0.016 8	−0.015 6	5.95E-15	加载
23	A23	22.18	0.02	−0.018 35	−0.016 7	5.76E-15	加载
24	A24	31.62	0.023	−0.020 2	−0.017 4	5.48E-15	加载
25	A25	37.39	0.025	−0.021 45	−0.017 9	5.30E-15	加载

煤样 L-S-Ⅰ-8 的渗透率

序号	状态	σ_1	ε_1	ε_3	ε_V	k/m^2	备注
1	A1	0.516	0.002	0.001 28	0.004 56	1.89E-15	峰前
2	A2	11.61	0.004	0.000 3	0.004 6	1.97E-16	峰前
3	A3	18.78	0.006	−0.000 55	0.004 9	3.25E-16	峰前
4	A4	25.95	0.008	−0.001 56	0.004 88	4.01E-16	峰前
5	A5	33.11	0.01	−0.002 41	0.005 179	1.11E-15	峰前
6	A6	39.77	0.012	−0.003 45	0.005 11	1.01E-15	峰前
7	A7	46.05	0.014	−0.004 7	0.004 602	1.50E-15	峰前
8	A8	51.82	0.016	−0.006 19	0.003 615	1.82E-15	峰前
9	A9	57.17	0.018	−0.007 98	0.002 046	1.67E-15	峰前
10	A10	61.95	0.02	−0.009 99	2.12E-05	1.73E-15	峰前
11	A11	66.26	0.022	−0.012 37	−0.002 75	1.87E-15	峰前
12	A12	70.23	0.024	−0.015 11	−0.006 22	1.94E-15	峰前
13	A13	73.4	0.026	−0.018 23	−0.010 46	2.13E-15	峰前
14	A14	75.6	0.028	−0.021 83	−0.015 65	3.19E-15	峰前
15	A15	63.21	0.029	−0.035 78	−0.042 55	6.65E-15	峰前
16	A16	38.3	0.03	−0.035 7	−0.041 4	4.26E-15	反向点
17	A17	18.91	0.024	−0.030 91	−0.037 82	4.34E-15	卸载
18	A18	14.02	0.022	−0.029 48	−0.036 95	4.53E-15	卸载
19	A19	9.62	0.02	−0.027 75	−0.035 5	4.31E-15	卸载
20	A20	5.78	0.018	−0.025 8	−0.033 6	4.81E-15	卸载
21	A21	1.459	0.015	−0.025 25	−0.035 5	5.19E-15	反向点
22	A22	7.344	0.018	−0.027 48	−0.036 95	5.31E-15	加载
23	A23	12.29	0.02	−0.028 91	−0.037 82	5.14E-15	加载
24	A24	17.62	0.022	−0.03 02	−0.038 4	5.02E-15	加载
25	A25	23.19	0.024	−0.031 45	−0.038 9	4.95E-15	加载
26	A26	29	0.026	−0.032 6	−0.035	4.72E-15	加载
27	A27	39.1	0.03	−0.035 55	−0.039 19	4.45E-15	加载

附录 A2

煤样 X-S-Ⅱ-229 的渗透率

序号	状态	σ_3/MPa	k/m²	备注
1	A1	2	2.76E-14	加载
2	A2	4	1.89E-14	反向点
3	A3	2	1.97E-14	反向点
4	A4	4	1.78E-14	加载
5	A5	6	1.51E-14	反向点
6	A6	4	1.61E-14	卸载
7	A7	2	1.68E-14	反向点
8	A8	4	1.57E-14	加载
9	A9	6	1.40E-14	加载
10	A10	8	1.22E-14	反向点
11	A11	6	1.27E-14	卸载
12	A12	4	1.35E-14	卸载
13	A13	2	1.41E-14	反向点
14	A14	4	1.22E-14	加载
15	A15	6	1.17E-14	加载
16	A16	8	1.04E-14	加载
17	A17	10	9.48E-15	反向点
18	A18	8	9.76E-15	卸载
19	A19	6	1.044 8E-14	卸载
20	A20	4	1.096E-14	卸载
21	A21	2	1.13E-14	卸载

煤样 L-S-Ⅱ-229 的渗透率

序号	状态	σ_3/MPa	k/m^2	备注
1	A1	2	2.24E-14	加载
2	A2	4	1.72E-14	反向点
3	A3	2	1.79E-14	反向点
4	A4	4	1.62E-14	加载
5	A5	6	1.37E-14	反向点
6	A6	4	1.51E-14	卸载
7	A7	2	1.57E-14	反向点
8	A8	4	1.39E-14	加载
9	A9	6	1.28E-14	加载
10	A10	8	1.11E-14	反向点
11	A11	6	1.15E-14	卸载
12	A12	4	1.32E-14	卸载
13	A13	2	1.40E-14	反向点
14	A14	4	1.26E-14	加载
15	A15	6	1.06E-14	加载
16	A16	8	1.01E-14	加载
17	A17	10	9.48E-15	反向点
18	A18	8	9.45E-15	卸载
19	A19	6	9.76E-15	卸载
20	A20	4	1.17E-14	卸载
21	A21	2	1.30E-14	卸载

煤样 X-S-Ⅱ-235 的渗透率

序号	状态	σ_3/MPa	k/m^2	备注
1	A1	2	2.14E-14	加载
2	A2	4	1.35E-14	反向点
3	A3	2	1.41E-14	反向点
4	A4	4	1.16E-14	加载
5	A5	6	9.81E-15	反向点
6	A6	4	1.07E-14	卸载
7	A7	2	1.15E-14	反向点
8	A8	4	9.97E-15	加载
9	A9	6	9.16E-15	加载
10	A10	8	7.45E-15	反向点
11	A11	6	7.92E-15	卸载
12	A12	4	8.72E-15	卸载
13	A13	2	9.44E-15	反向点
14	A14	4	8.41E-15	加载
15	A15	6	7.54E-15	加载
16	A16	8	7.12E-15	加载
17	A17	10	5.94E-15	反向点
18	A18	8	6.10E-15	卸载
19	A19	6	6.21E-15	卸载
20	A20	4	6.55E-15	卸载
21	A21	2	7.93E-15	卸载

煤样 L-S-Ⅱ-235 的渗透率

序号	状态	σ_3/MPa	k/m^2	备注
1	A1	2	1.66E-14	加载
2	A2	4	1.23E-14	反向点
3	A3	2	1.29E-14	反向点
4	A4	4	1.05E-14	加载
5	A5	6	8.92E-15	反向点
6	A6	4	9.75E-15	卸载
7	A7	2	1.05E-14	反向点
8	A8	4	9.06E-15	加载
9	A9	6	8.33E-15	加载
10	A10	8	7.22E-15	反向点
11	A11	6	7.52E-15	卸载
12	A12	4	8.61E-15	卸载
13	A13	2	9.04E-15	反向点
14	A14	4	7.90E-15	加载
15	A15	6	6.93E-15	加载
16	A16	8	6.57E-15	加载
17	A17	10	5.40E-15	反向点
18	A18	8	6.15E-15	卸载
19	A19	6	6.29E-15	卸载
20	A20	4	6.60E-15	卸载
21	A21	2	8.12E-15	卸载

煤样 X-S-Ⅱ-240 的渗透率

序号	状态	σ_3/MPa	k/m^2	备注
1	A1	2	2.04E-14	加载
2	A2	4	1.44E-14	反向点
3	A3	2	1.52E-14	反向点
4	A4	4	1.32E-14	加载
5	A5	6	1.11E-14	反向点
6	A6	4	1.15E-14	卸载
7	A7	2	1.19E-14	反向点
8	A8	4	1.09E-14	加载
9	A9	6	9.91E-15	加载
10	A10	8	8.06E-15	反向点
11	A11	6	8.42E-15	卸载
12	A12	4	9.07E-15	卸载
13	A13	2	9.55E-15	反向点
14	A14	4	8.73E-15	加载
15	A15	6	8.06E-15	加载
16	A16	8	7.77E-15	加载
17	A17	10	6.83E-15	反向点
18	A18	8	7.08E-15	卸载
19	A19	6	7.62E-15	卸载
20	A20	4	7.73E-15	卸载
21	A21	2	8.33E-15	卸载

煤样 L-S-Ⅱ-235 的渗透率

序号	状态	σ_3/MPa	k/m^2	备注
1	A1	2	1.76E-14	加载
2	A2	4	1.31E-14	反向点
3	A3	2	1.39E-14	反向点
4	A4	4	1.20E-14	加载
5	A5	6	1.02E-14	反向点
6	A6	4	1.05E-14	卸载
7	A7	2	1.09E-14	反向点
8	A8	4	1.03E-14	加载
9	A9	6	9.50E-15	加载
10	A10	8	8.23E-15	反向点
11	A11	6	8.57E-15	卸载
12	A12	4	9.82E-15	卸载
13	A13	2	9.56E-15	反向点
14	A14	4	8.46E-15	加载
15	A15	6	7.90E-15	加载
16	A16	8	7.49E-15	加载
17	A17	10	7.02E-15	反向点
18	A18	8	7.01E-15	卸载
19	A19	6	7.24E-15	卸载
20	A20	4	7.52E-15	卸载
21	A21	2	8.68E-15	卸载

煤样 X-S-Ⅱ-250 的渗透率

序号	状态	σ_3/MPa	k/m^2	备注
1	A1	2	4.92E-15	加载
2	A2	4	3.44E-15	反向点
3	A3	2	3.62E-15	反向点
4	A4	4	3.21E-15	加载
5	A5	6	2.65E-15	反向点
6	A6	4	2.85E-15	卸载
7	A7	2	2.92E-15	反向点
8	A8	4	2.61E-15	加载
9	A9	6	2.40E-15	加载
10	A10	8	2.08E-15	反向点
11	A11	6	2.17E-15	卸载
12	A12	4	2.24E-15	卸载
13	A13	2	2.39E-15	反向点
14	A14	4	2.13E-15	加载
15	A15	6	2.01E-15	加载
16	A16	8	1.89E-15	加载
17	A17	10	1.62E-15	反向点
18	A18	8	1.74E-15	卸载
19	A19	6	1.83E-15	卸载
20	A20	4	1.90E-15	卸载
21	A21	2	1.94E-15	卸载

煤样 L-S-Ⅱ-250 的渗透率

序号	状态	σ_3/MPa	k/m^2	备注
1	A1	2	4.48E-15	加载
2	A2	4	3.13E-15	反向点
3	A3	2	3.30E-15	反向点
4	A4	4	2.92E-15	加载
5	A5	6	2.54E-15	反向点
6	A6	4	2.62E-15	卸载
7	A7	2	2.62E-15	反向点
8	A8	4	2.38E-15	加载
9	A9	6	2.18E-15	加载
10	A10	8	1.89E-15	反向点
11	A11	6	1.97E-15	卸载
12	A12	4	2.04E-15	卸载
13	A13	2	2.18E-15	反向点
14	A14	4	1.85E-15	加载
15	A15	6	1.82E-15	加载
16	A16	8	1.72E-15	加载
17	A17	10	1.62E-15	反向点
18	A18	8	1.61E-15	卸载
19	A19	6	1.66E-15	卸载
20	A20	4	1.73E-15	卸载
21	A21	2	1.76E-15	卸载

煤样 X-S-Ⅱ-254 的渗透率

序号	状态	σ_3/MPa	k/m^2	备注
1	A1	2	3.10E-15	加载
2	A2	4	2.22E-15	反向点
3	A3	2	2.18E-15	反向点
4	A4	4	1.93E-15	加载
5	A5	6	1.67E-15	反向点
6	A6	4	1.68E-15	卸载
7	A7	2	1.82E-15	反向点
8	A8	4	1.59E-15	加载
9	A9	6	1.54E-15	加载
10	A10	8	1.33E-15	反向点
11	A11	6	1.40E-15	卸载
12	A12	4	1.45E-15	卸载
13	A13	2	1.56E-15	反向点
14	A14	4	1.37E-15	加载
15	A15	6	1.29E-15	加载
16	A16	8	1.18E-15	加载
17	A17	10	9.91E-16	反向点
18	A18	8	9.84E-16	卸载
19	A19	6	1.17E-15	卸载
20	A20	4	1.26E-15	卸载
21	A21	2	1.37E-15	卸载

煤样 L-S-Ⅱ-254 的渗透率

序号	状态	σ_3/MPa	k/m^2	备注
1	A1	2	2.46E-15	加载
2	A2	4	2.02E-15	反向点
3	A3	2	1.99E-15	反向点
4	A4	4	1.76E-15	加载
5	A5	6	1.52E-15	反向点
6	A6	4	1.61E-15	卸载
7	A7	2	1.66E-15	反向点
8	A8	4	1.55E-15	加载
9	A9	6	1.40E-15	加载
10	A10	8	1.21E-15	反向点
11	A11	6	1.28E-15	卸载
12	A12	4	1.32E-15	卸载
13	A13	2	1.39E-15	反向点
14	A14	4	1.14E-15	加载
15	A15	6	1.06E-15	加载
16	A16	8	9.70E-16	加载
17	A17	10	9.08E-16	反向点
18	A18	8	8.86E-16	卸载
19	A19	6	9.16E-16	卸载
20	A20	4	9.51E-16	卸载
21	A21	2	1.19E-15	卸载

参 考 文 献

[1] 杨艳霜,周辉,张传庆,等. 大理岩单轴压缩时滞性破坏的试验研究[J]. 岩土力学,2011,32(9):2714-2720.

[2] TUTUNCU A N,PODIO A L,SHARMA M M. Nonlinear visco-elastic behavior of sedimentary rocks,part I:effect of frequency and strain amplitude[J]. Geophysics,1998,63(1):184-190.

[3] TUTUNCU A N,PODIO A L,SHARMA M M. Nonlinear viscoelastic behavior of sedimentary rocks,part II:hysteresis effect and influence of type of fluid on elastic moduli[J]. Geophysics,1998,63(1):195-203.

[4] BRENNAN B J,STACEY F D. Frequency dependence of elasticity of rock-test of seismic velocity dispersion[J]. Nature,1977,268:220-222.

[5] MCKAVANAGH B,STACEY F D. Mechanical hysteresis in rocks low strain amplitudes and seismic frequencies [J]. Physics of the Earth and Planetary I,1974,8(3):246-250.

[6] 陈运平,席道瑛,薛彦伟. 循环载荷下饱和岩石的应力-应变动态响应[J]. 石油地球物理勘探,2003,38(4):409-413+9.

[7] 陈运平,王思敬. 多级循环荷载下饱和岩石的弹塑性响应[J]. 岩土力学,2010,31(4):1030-1034.

[8] 陈运平,席道瑛,薛彦伟. 循环荷载下饱和岩石的滞后和衰减[J]. 地球物理学报,2004,47(4):672-679.

[9] 刘建锋,谢和平,徐进,等. 循环荷载作用下岩石阻尼特性的试

验研究[J].岩石力学与工程学报,2008,27(4):712-717.

[10] 席道瑛,陈运平,陶月赞,等.岩石的非线性弹性滞后特征[J].岩石力学与工程学报,2006,25(6):1086-1093.

[11] 席道瑛,王少刚,刘小燕,等.岩石的非线性弹塑性响应[J].岩石力学与工程学报,2002,21(6):772-777.

[12] 席道瑛,谢端,张恩厚,等.饱和岩石在周期载荷作用下的滞后和衰减[C]//中国地球物理学会.中国地球物理学会第二十届年会.西安:西安地图出版社,2004:632.

[13] 宛新林,席道瑛.饱和砂岩对周期性循环载荷的动态响应[J].物探化探计算技术,2009,31(5):417-420+407.

[14] 肖建清,冯夏庭,丁德馨,等.常幅循环荷载作用下岩石的滞后及阻尼效应研究[J].岩石力学与工程学报,2010,29(8):1677-1683.

[15] 邓华锋,胡玉,李建林,等.循环加卸载过程中砂岩能量耗散演化规律[J].岩石力学与工程学报,2016,35(S1):2869-2875.

[16] 唐杰,方兵,蓝阳.利用加卸载滞后效应研究岩石非线性变形机理[J].石油地球物理勘探,2014,49(6):1131-1137+5.

[17] 陈佼佼.岩石的非线性应力-应变滞后曲线的研究[J].南方金属,2015(6):48-52.

[18] 何明明.循环荷载作用下砂岩力学特性的试验研究[D].西安:西安理工大学,2014.

[19] 李永盛.加载速率对红砂岩力学效应的试验研究[J].同济大学学报(自然科学版),1995,23(3):265-269.

[20] 吴刚.岩体在加、卸荷条件下破坏效应的对比分析[J].岩土力学,1997(2):13-16.

[21] HOBBS D W. The strength and stress-strain characteristics of oakdale coal under triaxial compression[J]. Geological Magazine,1960,97(5):422-435.

［22］HOBBS D W. The strength and the stress-strain character-istics of coal in triaxial compression［J］. The Journal of Ge-ology,1964,72(2):214-231.

［23］ATKINSON R H,KO H. Strength characteristics of U. S. coals［C］. The 18th U. S. Symposium on Rock Mechanics (USRMS). Golden, CO: Colorado School of Mines Press,1977.

［24］MEDHURST T P,BROWN E T. A study of the mechanical behavior of coal for pillar design［J］. International Journal of Rock Mechanics and Mining Sciences, 1998, 35 (8): 1087-1104.

［25］李小春,白冰,唐礼忠,等. 较低和较高围压下煤岩三轴试验及其塑性特征新表述［J］. 岩土力学,2010,31(3):677-682.

［26］TARASOV B,POTVIN Y. Universal criteria for rock brit-tleness estimation under triaxial compression ［J］. Interna-tional Journal of Rock Mechanics and Mining Sciences,2013 (59):57-69.

［27］YANG S Q,JIANG Y Z,XU W Y,et al. Experimental in-vestigation on strength and failure behavior of pre-cracked marble under conventional triaxial compression ［J］. Inter-national Journal of Solids and Structures, 2008 (45): 4796-4819.

［28］郭印同,杨春和. 硬石膏常规三轴压缩下强度和变形特性的试验研究［J］. 岩土力学,2010,31(6):1776-1780.

［29］宗自华,马利科,高敏,等. 北山花岗岩三轴压缩条件下声发射特性研究［J］. 铀矿地质,2013,29(2):123-128.

［30］宋卫东,明世祥,王欣,等. 岩石压缩损伤破坏全过程试验研究［J］. 岩石力学与工程学报,2010,29(2):4180-4187.

［31］孟召平,彭苏萍,凌标灿. 不同侧压下沉积岩石变形与强度特

征[J].煤炭学报,2000,25(1):15-18.

[32] 苏承东,翟新献,李永明,等.煤样三轴压缩下变形和强度分析[J].岩石力学与工程学报,2006,25(增1):2963-2968.

[33] 杨永杰,宋扬,陈绍杰.煤岩全应力应变过程渗透性特征试验研究[J].岩土力学,2007,28(2):381-385.

[34] YANG Y J,CHU J,DONG-ZHI H,et al. Experimental of coal's strain-permeability rate under solid and liquid coupling condition[J]. Journal of China Coal Society,2008,33(7):760-764.

[35] 王宏图,鲜学福,贺建民.层状复合煤岩的三轴力学特性研究[J].矿山压力与顶板管理,1999(1):82-84.

[36] 苏承东,高保彬,南华,等.不同应力路径下煤样变形破坏过程声发射特征的试验研究[J].岩石力学与工程学报,2009,28(4):757-766.

[37] 刘保县,李东凯,赵宝云.煤岩卸荷变形损伤及声发射特性[J].土木建筑与环境工程,2009,31(2):57-61.

[38] 蒋长宝,尹光志,黄启翔,等.含瓦斯煤岩卸围压变形特征及瓦斯渗流试验[J].煤炭学报,2011,36(5):802-807.

[39] 蒋长宝,黄滚,黄启翔.含瓦斯煤多级式卸围压变形破坏及渗透率演化规律实验[J].煤炭学报,2011,36(12):2039-2042.

[40] 张东明,郑彬彬,张先萌,等.含瓦斯砂岩卸围压变形特征与渗透规律试验研究[J].岩土力学,2017,38(12):3475-3483+3490.

[41] 尤明庆.岩样三轴压缩的破坏形式和Coulomb强度准则[J].地质力学学报,2002,8(2):179-185.

[42] 田文岭,杨圣奇,方刚,等.煤样三轴循环加卸载力学特征颗粒流模拟[J].煤炭学报,2016,41(3):603-610.

[43] 孙小康,朱卓慧,徐燕飞.分级加卸载条件下岩石的弹塑性流变特性[J].矿业工程研究,2011,26(4):1-5.

[44] 谢红强,何江达,徐进.岩石加卸载变形特性及力学参数试验研究[J].岩土工程学报,2003,25(3):336-338.

[45] 李志强,鲜学福,隆晴明.不同温度应力条件下煤体渗透率实验研究[J].中国矿业大学学报,2009,38(4):523-527.

[46] 李志强,鲜学福.煤体渗透率随温度和应力变化的实验研究[J].辽宁工程技术大学学报(自然科学版),2009,28(S1):156-159.

[47] 曹树刚,李勇,白燕杰,等.型煤与原煤全应力-应变过程渗流特性对比研究[J].岩石力学与工程学报,2010,29(5):899-906.

[48] 程瑞端,陈海焱,鲜学福.温度对煤样渗透系数影响的实验研究[J].煤炭工程师,1998(1):13-16.

[49] 尹光志,蒋长宝,许江,等.含瓦斯煤热流固耦合渗流实验研究[J].煤炭学报,2011,36(9):1495-1501.

[50] MAVOR M J,GUNTER W D. Secondary porosity and permeability of coal vs. gas composition and pressure[J]. Society of Petroleum Engineers,2009,9(2):114-125.

[51] CHASE G,KULKARNI P. Mixed hydrophilic/hydrophobic fiber media for liquid-liquid coalescence:US,US 8409448 B2[P]. 2013.

[52] 高朋杰.节理岩石透水机理的试验研究[D].西安:西安科技大学,2008.

[53] 苏海健.深埋节理岩体渗流演化机理及工程应用[D].徐州:中国矿业大学,2015.

[54] 李留仁,袁士义,胡永乐.分形多孔介质渗透率与孔隙度理论关系模型[J].西安石油大学学报(自然科学版),2010,25(3):49-51+74+111.

[55] 彭石林.沉积岩的渗透率-孔隙度关系[J].测井技术信息,1995(2):58-63.

[56] 邓英尔,谢和平,黄润秋. 低渗透岩石材料渗透率与孔隙度的关系[C]//西安:全国 MTS 材料试验学术会议,2004.

[57] 高红梅,梁冰,兰永伟. 煤的渗透率与应变变化关系的实验研究[J]. 中国科学技术大学学报,2004,34(s1):417-422.

[58] 郭擎,鲜学福,周军平. 煤岩全应力应变过程体应变对渗透率的影响[J]. 地下空间与工程学报,2015,11(5):1137-1143.

[59] 姜振泉,季梁军,左如松,等. 岩石在伺服条件下的渗透性与应变、应力的关联性特征[J]. 岩石力学与工程学报,2002,21(10):1442-1446.

[60] 王连国,缪协兴. 岩石渗透率与应力、应变关系的尖点突变模型[J]. 岩石力学与工程学报,2005,24(23):4210-4214.

[61] 陈占清,李顺才,茅献彪,等. 饱和含水石灰岩散体蠕变过程中孔隙度变化规律的试验[J]. 煤炭学报,2006,31(1):26-30.

[62] 汪周华,郭平,周道勇,等. 注采过程中岩石压缩系数、孔隙度及渗透率的变化规律[J]. 新疆石油地质,2006,27(2):191-193.

[63] 孔茜,王环玲,徐卫亚. 循环加卸载作用下砂岩孔隙度与渗透率演化规律试验研究[J]. 岩土工程学报,2015,37(10):1893-1900.

[64] 许江,曹偈,李波波,等. 煤岩渗透率对孔隙压力变化响应规律的试验研究[J]. 岩石力学与工程学报,2013,32(2):225-230.

[65] 康天合,白世伟,赵永宏. 煤体导水系数及其变化规律的实验研究[J]. 岩土力学,2003,24(4):587-591.

[66] 王金安,彭苏萍,孟召平. 岩石三轴全应力应变过程中的渗透规律[J]. 北京科技大学学报,2001(6):489-491.

[67] 尹光志,王登科,张东明. 两种含瓦斯煤样变形特性与抗压强度的试验分析[J]. 岩石力学与工程学报,2009,28(2):

410-417.

[68] 李顺才,缪协兴,陈占清,等. 承压破碎岩石非 Darcy 渗流的渗透特性试验研究[J]. 工程力学,2008,25(4):85-92.

[69] 孟召平,侯泉林. 高煤级煤储层渗透性与应力耦合模型及控制机理[J]. 地球物理学报,2013,56(2):667-675.

[70] 王珍,袁梅,何明华,等. 地应力场和地温场对型煤渗透率影响的实验研究[J]. 煤炭技术,2013,32(2):95-96.

[71] WALLS J,NUR A,DVORKIN J. Slug test method in reservoirs with pressure sensitive permeability[C]. Proceedings of the 1991 Coalbed Methane Symposium, Tucloosa,1991.

[72] GHAZAL I,WANG S G,ELSWORT H D,et al. Permeability evolution of fluid- infiltrated coal containing discrete fractures [J]. International Journal of Coal Geology,Available online,2010,27(10):27-32.

[73] GANGI A F. Variation of whole and fractured porous rock permeability with confining pressure[J]. International Journal of Rock Mechanics & Mining Science & Geomechanics Abstracts,1978,15(5):249-257.

[74] WALSH J B. Effect of Pore pressure and confining Pressure on fracture permeability[J]. International Journal of Rock Mechanics & Mining Science & Geomechanics Abstracts, 1981(18):429-435.

[75] LI S P,WU D X,XIE W H,et al. Effect of confining presurre,pore pressure and specimen dimension on permeability of Yinzhuang Sandstone[J]. International Journal of Rock Mechanics & Mining Science & Geomechanics Abstracts, 1997,34(3):432-432.

[76] MA D,MIAO X X,CHEN Z Q,et al. Experimental Investi-

gation of Seepage Properties of Fractured Rocks Under Different Confining Pressures[J]. Rock Mechanics and Rock Engineering,2013,46(5):1135-1144.

[77] BIDGOLI M N, JING L. Water Pressure Effects on Strength and Deformability of Fractured Rocks Under Low Confining Pressures[J]. Rock Mechanics and Rock Engineering,2015,48(3):971-985.

[78] 王登科,刘建,尹光志,等.突出危险煤渗透性变化的影响因素探讨[J].岩土力学,2010,31(11):3469-3474.

[79] 李树刚,徐精彩.软煤样渗透特性的电液伺服试验研究[J].岩土工程学报,2001,23(1):68-70.

[80] 孙国文,黄滚,陈素娟,等.三维应力场中煤渗透特性试验[J].矿业安全与环保,2011,38(5):22-24.

[81] 潘荣锟,程远平,董骏,等.不同加卸载下层理裂隙煤体的渗透特性研究[J].煤炭学报,2014,39(3):473-477.

[82] 许江,张敏,李波波,等.不同稳定时间对煤的变形及渗透特性影响试验研究[J].岩石力学与工程学报,2014,33(7):1388-1397.

[83] 赵宏刚,张东明,刘超,等.加卸载下原煤力学特性及渗透演化规律[J].北京科技大学学报,2016,38(12):1674-1680.

[84] 邓志刚,齐庆新,李宏艳,等.采动煤体渗透率示踪监测及演化规律[J].煤炭学报,2008,33(3):273-276.

[85] 李树刚,丁洋,张天军,等.低渗煤样全应力应变过程渗透特性试验[J].煤矿安全,2013,44(6):6-8.

[86] 陈绍杰,孙熙震,郭惟嘉,等.软煤塑性流动状态下渗透特性的试验研究[J].山东科技大学学报(自然科学版),2012,31(5):15-20.

[87] 祝捷,姜耀东,孟磊,等.载荷作用下煤体变形与渗透性的相关性研究[J].煤炭学报,2012,37(6):984-988.

[88] SOMERTON W H,SÖYLEMEZOḠLU I M,DUDLEY R C. Effect of stress on permeability of coal[J]. International Journal of Rock Mechanics & Mining Science & Geomechanics Abstracts,1975,12(5-6):129-145.

[89] LIU S,WANG Y,HARPALANI S. Anisotropy characteristics of coal shrinkage/swelling and its impact on coal permeability evolution with CO_2 injection[J]. Greenhouse Gases Science & Technology,2016,6(5):615-632.

[90] XIANGCHEN L I,KANG Y,LUO P. The effects of stress on fracture and permeability in coal bed[J]. Coal Geology & Exploration,2009,23(1):151-174.

[91] DURUCAN S,EDWARDS J S. The effects of stress and fracturing on permeability of coal[J]. Mining Science and Technology,1986,3(3):205-216.

[92] ZHANG Z,ZHANG R,XIE H P,et al. Mining-Induced Coal Permeability Change Under Different Mining Layouts [J]. Rock Mechanics & Rock Engineering,2016:1-16.

[93] CONNELL L D,LY M,PAN Z. An analytical coal permeability model for tri-axial strain and stress conditions[J]. International Journal of Coal Geology,2010,84(2):103-114.

[94] ZHANG Z,ZHANG R,XIE H P,et al. The relationships among stress,effective porosity and permeability of coal considering the distribution of natural fractures:theoretical and experimental analyses[J]. Environmental Earth Sciences, 2015,73(10):5997-6007.

[95] XIE H P,XIE J,GAO M,et al. Theoretical and experimental validation of mining-enhanced permeability for simultaneous exploitation of coal and gas[J]. Environmental Earth Sciences,2015,73(10):5951-5962.

[96] 许江,李波波,周婷,等.加卸载条件下煤岩变形特性与渗透特征的试验研究[J].煤炭学报,2012,37(9):1493-1498.

[97] 丁焕德,高瑞,何琪.煤层为主含水层矿井煤巷安全高效掘进技术研究[J].矿业研究与开发,2014,34(3):38-40+69.

[98] 李强.煤层为主含水层的巷道围岩变形-渗流耦合系统响应分析[D].徐州:中国矿业大学,2015.

[99] 李海龙,白海波,钱宏伟,等.含水煤层底板岩层力学性质分析:以小纪汗煤矿为例[J].采矿与安全工程学报,2016,33(3):501-508.

[100] 钱宏伟.小纪汗煤矿含水煤层巷道变形机理研究[D].徐州:中国矿业大学,2015.

[101] 朱南京,李百宜,郝德永.煤层为主含水层矿井水害防治技术研究[J].中国矿业大学,2016,25(3):83-87.

[102] 李顺才,李强,缪协兴,等.小纪汗井田地层介质渗透特性及煤层为主含水层成因机制[J].煤炭学报,2017,42(2):353-359.

[103] 刘宗川.铁磁性材料磁滞回线数学模型的研究[D].南宁:广西大学,2006.

[104] 陈小明.铁电电容的性能测试方法和建模方法研究[D].上海:复旦大学,2004.

[105] 李欣欣,王文,陈戬恒,等.Jiles-Atherton 模型的超磁致伸缩驱动器磁滞补偿控制[J].光学精密工程,2007,15(10):1558-1563.

[106] 卢守青.基于等效基质尺度的煤体力学失稳及渗透性演化机制与应用[D].徐州:中国矿业大学,2016.

[107] 刘星光.含瓦斯煤变形破坏特征及渗透行为研究[D].徐州:中国矿业大学,2013.

[108] 秦积舜.变围压条件下低渗砂岩储层渗透率变化规律研究[J].西安石油学院学报(自然科学版),2002,17(4):28-31

＋4.

[109] 李顺才,李强,缪协兴,等.小纪汗井田地层介质渗透特性及煤层为主含水层成因机制[J].煤炭学报,2017,42(2)：353-359.

[110] 武开业.扫描电子显微镜原理及特点[J].科技信息,2010(29):107.

[111] 吕海波,赵艳林,孔令伟,等.利用压汞试验确定软土结构性损伤模型参数[J].岩石力学与工程学报,2005,24(5)：854-858.